MAKEUP & HAIRSTYLE

化妆造型

核心技术修炼

（第 3 版）

成妆职业技能培训学校 宋婷 编著

U0377769

人 民 邮 电 出 版 社

北 京

图书在版编目（CIP）数据

化妆造型核心技术修炼 / 宋婷编著. -- 3版. -- 北京 : 人民邮电出版社，2020.10（2022.9重印）
ISBN 978-7-115-54408-7

Ⅰ. ①化… Ⅱ. ①宋… Ⅲ. ①化妆－造型设计－基本知识 Ⅳ. ①TS974.12

中国版本图书馆CIP数据核字(2020)第121179号

内 容 提 要

这是一本非常实用的化妆造型书，主要讲解化妆造型的核心知识及其实际应用。

本书共 9 章。从化妆造型师的职业讲起，帮助读者了解化妆造型是什么，化妆造型的前景如何，以及为什么要学习化妆造型；然后介绍了化妆造型的基础知识，并深入、透彻地讲解了底妆、眉妆、眼妆、腮红和唇妆五大化妆核心，让读者能够对化妆造型的知识进行全面系统的学习；接着编排了化妆造型商业应用实例，使读者零距离接触化妆造型的整个工作流程，为以后的工作打下基础；最后讲解了发型技法及造型运用，让读者能够更加全面地掌握相关的发型知识。全书结构清晰，知识讲解循序渐进，而且重点明确，是读者学习化妆造型的极佳选择。

本书适合零基础、想快速提高化妆造型水平的读者阅读。即使从未接触过化妆造型，学习本书的内容也能快速上手。

◆ 编　　著　成妆职业技能培训学校　宋　婷
　　责任编辑　张玉兰
　　责任印制　马振武

◆ 人民邮电出版社出版发行　　北京市丰台区成寿寺路 11 号
　　邮编　100164　电子邮件　315@ptpress.com.cn
　　网址　https://www.ptpress.com.cn
　　北京博海升彩色印刷有限公司印刷

◆ 开本：787×1092　1/16
　　印张：13.5　　　　　　　　　　　2020 年 10 月第 3 版
　　字数：428 千字　　　　　　　　 2022 年 9 月北京第 3 次印刷

定价：128.00 元

读者服务热线：(010)81055410　印装质量热线：(010)81055316
反盗版热线：(010)81055315
广告经营许可证：京东市监广登字 20170147 号

前 言

在决定编写这本书时，我很纠结，内心不断地挣扎，也许是我对写书这件事比较陌生，不够自信。那时的我就像是掉进了一个泥潭里，不知所措。但是，当我看到我的学生们因找不到方向而盲目地学习时，我觉得我应该站出来，创作一本关于化妆造型基础知识的书，来帮助他们有针对性地进行学习。在从事化妆行业的这些年，我也有过盲目、毫无头绪的时候，但后来我发现，要想做出好的化妆造型，就必须掌握扎实、专业的化妆造型知识，有清晰的思路。所以，在这本书中我着重讲解化妆造型的核心内容，以便让初级化妆师能更好地掌握化妆造型的基础知识。

本书以化妆的五大核心为重点，对底妆、眉妆、眼妆、腮红和唇妆进行了详细讲解。此外，本书还介绍了化妆造型商业应用实例，如生活类妆容、新娘类妆容、彩妆类妆容，以及采用不同技法打造的发型，让读者能够零距离接触化妆造型的整个工作流程，为以后的工作打下基础。本书在介绍基础造型的前提下，加入了多款流行妆容实例。在本书中，我毫无保留地将自己入行的经历和收获分享给大家。本书体现了我的构思及想法，从前期的准备、作品的创作、文字的编辑，到后期的制作，都融入了我的心血。

化妆造型不是涂脂抹粉，更不是哗众取宠，它是一门关于美的艺术。在如今这个充满美的世界里，女性对化妆造型的追求几乎达到了极致。作为一名化妆教师，我有责任将塑造美的方式传递给更多愿意追求美的读者。

编写本书虽然辛苦，但是有家人和朋友的支持，我勇敢地踏出了人生的重大一步。在这里，我要特别感谢我的老师——甘甜，感谢她多年来对我的指导和鼓励。感谢游春燕、张弛、王琦、吴丹、邓红、何锐在编写本书过程中对我的支持与帮助。感谢以下这些模特对我的支持：刘冬、张淑滢、汪洋、陈晓雪、孙颖、李津津、贾焕、小乔、陈琪、温小惠、刘美丽、郑碧洁、徐洁、宋佳、李娜、刘燕、李燕、张宇、樊婷、高欢、康英、严谨、雷红、刘玉菲、徐杰、刘丹、周明潇、郭玉、李薇、王一凌。感谢摄影师石晓龙、唐春丽，感谢后期设计师石晓龙、柯鹏，是你们让我感受到了团队的力量。感谢我的工作单位成妆职业技能培训学校对我的支持，感谢成妆职业技能培训学校的学生及每一位支持和帮助我的人。

成妆职业技能培训学校

　　成妆职业技能培训学校创建于2010年，经劳动部备案，有办学许可证。发展至今，成妆职业技能培训学校已正式成立了成妆学校绵阳校区、成妆学校宜宾校区和慕蔻创业店。成妆职业技能培训学校是集化妆培训、美甲培训、美容培训、摄影培训、韩式半永久培训五大专业培训于一体的时尚教育机构，以"一切为了学员的发展"为办学宗旨，与众多高校达成学历制培训合作。成妆职业技能培训学校激励师生员工互帮互学，学以致用，形成了"务实、创新、重德、尚美"的校风。

目录

06 五大化妆核心之腮红 / 113

05 五大化妆核心之眼妆 / 077

07 五大化妆核心之唇妆 / 125

08 化妆造型师与客人的零距离接触 / 145

09 基础发型技法及造型运用 / 187

01

化妆造型设计无处不在

一、化妆造型师职业简介

　　艺术源于生活又高于生活。在当今这个人人追求美的年代，化妆造型这个词被提及的次数越来越多，涉及的领域也越来越广。在人们以往的思想中，化妆造型就是演员的事情，与自己无关。但随着生活水平的提高，化妆造型开始走进普通人的生活。

　　人们在工作、休闲、晚宴、婚礼、表演等情况下都需要化妆造型的辅助，可以说化妆已融于生活，而且无处不在。现在的化妆造型师不仅需要对人物的面部进行修饰，还需要对人物的整体形象进行全面的设计与包装，包括妆面、发型的打造，服装与饰品的搭配，以及指甲的修饰等。这意味着我们对化妆造型师的要求会越来越高。

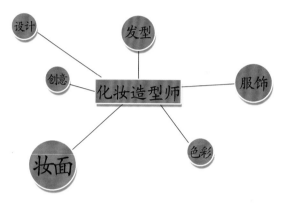

1. 初识化妆造型师

　　人们习惯把化妆造型师称为化妆师，而实际上这个称呼对于化妆造型师职业本身来讲过于片面。在这里，我们简单地从字面上来解释一下何谓化妆造型师。

　　除了演出需要，在工作或生活中，无论男女都越来越注重自己的外在形象，因此仅会化妆的化妆师显然无法再满足人们的需求，于是出现了化妆造型师这个职业。化妆造型总的来说是一种视觉艺术，它是在人的自然相貌和整体形象的基础上，运用艺术表现的手法，弥补形象的缺陷，营造真实、自然的美感，或塑造出不同风格的整体艺术形象。另外，化妆造型师也可以说是一种塑造美的职业。化妆造型师与化妆师最大的区别在于，化妆师只是化妆，在脸部妆容的打理方面很在行，但不涉及人物整体形象的设计与包装；而化妆造型师不仅会化妆，还要完成人物整体形象的打造，他们需要根据人物的气质、外在形象、职业特点及年龄等进行整体的包装和塑造。因此，化妆造型师除了要具备扎实的专业造型技术之外，还需掌握丰富的美学知识，具有深厚的艺术修养。在日常生活中，化妆造型师需要了解最新的时尚流行动态与趋势，结合客人出席的特定场合及客人本身的特定条件，为客人做一个整体形象的设计和包装。

2. 化妆造型师应具备的条件

第1点：具有较好的文化修养。

第2点：具有较高的审美水平。

第3点：掌握全面的整体造型知识及过硬的专业实战技能。

第4点：具有健康的身体和心理。

第5点：守时并且在超时工作时也要具备热情的服务态度。

第6点：具有较强的语言表达能力及理解能力。

第7点：具有创新能力及对色彩流行趋势的把控能力。

第8点：衣着整洁得体，女性化妆造型师要养成带妆上岗的习惯。

3. 化妆造型师的职业道德及修养

化妆造型作为目前比较具有发展潜力的行业，吸引了诸多有志者的加入。但要想成为一名专业的化妆造型师，必须具备良好的职业道德及修养。

作为专业的化妆造型师，我们应该认真做好本职工作，遵守所在工作岗位的相关规章制度；专注于我们的职业，只有专注于自己职业的化妆造型师才能在职业之路上走得更长远。要虚心学习相关知识，并不断弥补自己的不足之处。此外，对于其他人的建议要做出回应并根据情况确定是否采纳。对客人要友善、礼貌、诚恳、公平，不可区别对待。要注重个人仪表，随时保持个人卫生，尤其要保持个人口腔卫生，工作前不要吃带有刺激气味的食物，也不要在公众场合吸烟、喝酒、吃口香糖等。注意工具、用品的清洁和卫生，海绵做到一客一洗，甚至是一客一换。在给客人做化妆造型时，应站在客人的右侧。与客人交流要自然而诚恳，面带微笑地对待每一位客人和同事。

要具备全面的艺术鉴赏能力及扎实的专业技术，同时还要具备强烈的思维感知能力和创造性的设计表现能力。化妆造型不只是具备实操性和服务性的工作，也不只是追求唯美效果就可以，其目的在于体现人物的气质，并强调更好地根据客人的自身条件，运用高超的化妆技法，使妆面造型与人物整体形象很好地结合在一起。

只有这样，你才能成为一名专业的化妆造型师，才能创造出富有生命力、延展力及内涵的作品。

4. 化妆造型师的发展方向

目前，化妆造型师一直被认为是极具发展潜力的职业，它涉及影视剧组、T台秀场、新闻杂志社及电视台等多个领域。随着我国经济的快速发展，人民生活水平不断提高，人们开始追求和享受精神生活。尤其是女性，她们对美的渴求越来越强，化妆已成为她们生活中不可或缺的一部分。化妆/彩妆培训、形象工作室、女子俱乐部、时尚媒体、公关广告公司、化妆品公司、摄影工作室、各大电视台、婚礼跟妆、娱乐演出公司等，这些对化妆人才的需求量会越来越大。

简单地说，在就业渠道方面，影楼化妆师行业、化妆品公司彩妆导购行业、化妆学校培训讲师行业、舞台化妆行业、节目主持人化妆行业、影视剧演员化妆行业、广告杂志公司、摄影机构、婚庆公司、形象工作设计室等都是化妆造型师不错的就业渠道。

在就业前景方面，化妆造型师的客人有演艺人员，也有大众。随着现代人对美的渴望与高追求，化妆造型师这个职业的前景会越来越好。

在职业发展方向上，目前常见的有专职化妆师、兼职化妆师、彩妆培训讲师、彩妆顾问、彩妆导购、影视化妆师及舞台化妆师等，甚至成立化妆造型工作室，相信未来化妆造型师将会有更大的发展平台。

从岗位来说，化妆造型师目前大致可分为影楼化妆造型师、影视化妆造型师和自由化妆造型师三大类，以后可能会发展出更多的岗位。

5. 化妆造型师的收入情况

化妆造型师的收入情况会根据不同的工作领域、工作年限、职业资格、学历等而有所区别，但主要还是按技术水平和经验来界定。

影楼化妆造型师的待遇一般是"底薪+提成"，他们的经验与底薪成正比。一名普通的影楼化妆造型师每月的工资是几千元，而知名化妆造型师的收入则可达上万元。如果化妆造型师给T台秀场模特化妆，一般他们的出场费每场可高达几千元。

而影视化妆造型师的收入差异比较大。一般刚毕业的学生做剧组化妆造型师助理，每月收入为几千元；当成为剧组化妆造型师时，基本上他们的月薪可达到万元；而如果是化妆造型师组长或是化妆造型设计师，一般跟拍一部30集的电视剧（拍摄时间一般为3~5个月）的收入可达几十万元。但一般成为影视化妆造型师是非常不容易的，这需要有丰富的化妆实践经验、丰富的阅历及较广的人际关系等。而且影视化妆造型师的工作一般很辛苦，如工作环境不稳定、作息时间和饮食不规律等，因此作为影视化妆造型师，更需要具备吃苦耐劳、任劳任怨的精神。

另外，对于自由化妆造型师来说，接一次新娘妆的收入在几百元到几千元不等，具体数额与化妆造型师的水平和所在区域有关。作为自由化妆造型师，可接的工作有时尚秀妆容造型、新娘妆容造型、广告拍摄妆容造型等。

6. 化妆造型师的工作环境

影楼化妆造型师的工作地点一般在影楼，工作环境还是相当不错的。影楼一般都有空调设备，配备专业的化妆室。化妆室内一般有专业的镜面和灯光设备，以及可以足够放置专业化妆品和化妆工具的桌子。但如果出外景，化妆造型师的工作环境就不能一概而论了，其工作环境一般根据拍摄场地而定，可能会在条件很艰苦的地方，也可能在优美的风景区。

影视化妆造型师的工作地点一般会与所接影视剧的拍摄地相关。如果是战争剧或是古装剧，一般工作环境会相对艰苦一些。但如果是都市现代剧或青春偶像剧，工作环境就会好一些。总体而言，影视化妆造型师的工作环境相对其他的化妆造型师要略逊一筹，因为他们的工作地点一般不稳定，作息时间也不规律。

自由化妆造型师的工作地点也不是固定的。他们的工作环境和他们的服务对象直接相关。如果接到的是私人定制的化妆造型工作，对方提供专业的工作间，这种情况下工作环境就比较好。但有时他们的工作环境不太好。例如，接到秀场的活儿，秀场的后台一般较为拥挤，工作氛围也比较紧张。

二、化妆造型的概念及功能

要学好化妆造型，就要先了解其概念与功能。

1. 化妆造型的概念

从广义上讲，化妆造型是指对人物整体形象的包装与修饰，主要包括清洁与美化皮肤、打造发型、搭配服装及饰品、修饰指甲等。化妆造型从狭义上讲，只是指修饰面部与打造发型。

简单地说，化妆造型就是通过使用化妆品和化妆工具，运用色彩原理并采用合理的化妆步骤与技巧，对人物面部五官及其他部位进行描画与修饰，以达到想要的包装与修饰效果。化妆造型根据造型目的的不同，可分为生活美容化妆、摄影化妆和影视舞台化妆三大部分。

2. 化妆造型的功能

● 美化功能

美化功能是化妆造型的最基本的功能。简单地说，化妆造型的美化功能就是利用化妆材料和工具对客人的面部轮廓、肤色、五官进行遮盖、调整、强调等一系列处理，以达到美化的作用。化妆是为了美化容颜。例如，用一些化妆品，使皮肤光滑、透亮；用粉底液调整肤色的均匀度及遮盖面部的瑕疵；描画眉毛，改变眉形；勾画眼妆，使眼睛更有神；涂抹腮红，使面部艳丽、红润、有气色；等等。当然美化的内容也包括打理客人的发型，矫正客人的肢体动作及为客人搭配服装、饰品等。

● 矫正功能

通过化妆来矫正面部缺陷是化妆造型的重要功能之一。化妆造型可以使塌鼻梁变得立体，使长鼻子变得标准，使短鼻子显得修长；化妆造型可以矫正不标准的眼形，让小眼睛变得有神，让吊眼或下垂眼变标准；涂抹口红可使薄唇显得丰满，使厚唇显薄，使模糊的唇形变得轮廓清晰；等等。总而言之，化妆造型的矫正功能体现在将不标准的五官矫正标准上。

● 再现功能

再现功能，顾名思义，就是让一个已经消失的东西通过化妆造型的超高技术重新出现。这个功能在影视剧或舞台剧中运用最多。例如，在一部戏剧当中，人物的社会背景、年龄不同，或是人物的情感发生了变化，化妆造型也要相应有所变化。如果是历史题材的戏剧，人物形象的还原及真实性的体现都需要通过化妆造型的再现功能来实现。

三、化妆造型的起源与发展

了解化妆造型的起源是步入化妆造型领域的第一步，此外还要了解某些时期的化妆造型特点。

1. 化妆造型的起源

从真正的审美意义上来讲，化妆造型是从古埃及开始的。一般情况下，古埃及男女的头发都是剃光的，用人发、动物毛发或植物纤维制成的假发套来装饰头部。古埃及的眼妆非常精致，他们用墨黑将眉毛画得又黑又粗，呈现出优美的拱形，用孔雀石制成的化妆颜料（呈黑色、绿色、灰色等）描画出眼睛的轮廓，将眼线画成杏仁形，延长至太阳穴甚至发际线处，然后将脸部涂成粉嫩的红色。

在中国古代，化妆就已经出现了。考古学家曾在原始人类的遗址发现了用小石子、贝壳、兽牙、动物骨头等制作而成的串珠，还在洞穴壁画上发现了美容化妆的痕迹。《诗经》有云："自伯之东，首如飞蓬。岂无膏沐？谁适为容！"其大意是说丈夫东征之后，自己懒得打扮自己了，不是没有化妆的东西，而是不知道打扮给谁看了，也就是俗话说的"女为悦己者容"。可见，那时的妇女已经懂得修饰自己的妆容，化妆在那时已经普及了。《唐代社会概略》也曾记载："迨及唐朝，人文璨然，宫嫔众多，使六宫粉黛，竞美争妍。"化妆在人们的生活中一直起着十分重要的作用。特别是20世纪50年代后期，随着彩色电影和电视的兴起，女性的美容化妆观念经历了革命性的发展。从那时起，化妆造型开始转变为一门综合的形象艺术，化妆造型师这个职业也从那时开始迅猛发展。

对于现代人，尤其是现代女性，无论在日常生活中还是在职场上，化妆造型都起着十分重要的作用。随着媒体网络的蓬勃发展，相信化妆造型事业也会有更广阔的舞台。

2. 某些时期的化妆造型的特点

● 秦汉时期

在妆容方面，根据《事物纪原》中的记载可知，秦汉时期，宫中女子都打扮得红妆翠眉；汉代女子喜好敷粉，流行"愁眉啼妆"，此妆容如女子刚刚哭过一样。在发式与头饰方面，《中华古今注》中记载："始皇诏后梳凌云髻，三妃梳望仙九鬟髻，九嫔梳参鸾髻。"汉代女子的发型以梳髻为主，以高髻为美，头饰以步摇为主。

● 隋唐时期

在妆容方面，隋代女子的装扮比较朴素，而唐代女子的面部装饰种类很多，妆容的变化也非常多，尤其是眉形的变化最多。在发式和头饰方面，隋唐时期女子的发髻多种多样，如双螺髻、丫髻、义髻等；头饰多为金饰，如钗、钿、翘、步摇等。此外，隋唐时期人们的服装样式也非常多。

● 清代

清代女子的发型主要有两把头、牡丹头、荷花头，这些发型体积较大，显得华丽、夸张。到了晚清时期，女子开始留前刘海，同时面部妆容也显得清秀，眉眼细长，且嘴唇薄小。

● 近代

近代，化妆品种类日益增多，香粉是女士化妆品的首选。有些人坚持传统路线，在穿着上喜欢旗袍，发型上喜欢手推波纹造型。有些人则大胆追求时尚，喜欢香水、旋转式口红等。

● 现代

现代，随着经济的发展、文化水平的提高及价值观的变化，女性对美的要求也呈现出多元化发展趋势，但主要还是强调时尚感与自然美。

四、化妆造型的应用领域

化妆造型师是一个创造美的职业，目前从事化妆造型的人不在少数。化妆造型的应用领域主要有哪些呢？

1.美容化妆领域

这里的美容化妆领域是指最基本的生活类化妆，如生活化妆造型、新娘化妆造型、晚宴化妆造型、个性写真造型和摄影化妆造型等。

对于美容化妆领域，相关人员大多来自短期培训学校和所谓的"跟师傅学"。这个领域从学门槛低，没有学历的限制，学习时间短，学费较少，从业人员很多。他们工作岗位的选择比较多，但市场大多饱和。在这个领域里，如果想要成为一名称职的专业化妆师，就一定要付出努力。首先，需要具备的是敬业和求知精神，并且需要了解化妆程序、化妆品及其成分、皮肤结构及相关知识等；其次，通过不断实践优化所学的技法，直至自己的作品达到理想的效果；再次，要不断地收集他人的优秀作品，还要大量地收集各种相关资料，加强学习；最后，不断地整理和完善自己的化妆工具。

2. 时尚及生活形象指导领域

时尚及生活形象指导领域大致包括形象顾问、色彩顾问和时尚化妆师等。

其中，时尚化妆师的具体工作大致包括杂志封面化妆、时装秀化妆等。作为时尚化妆师，首先，需要在正规化妆造型院校系统地学习作为专业化妆造型师应具备的专业素养与职业道德；其次，在技能上，需要打好化妆的基础，扎实地掌握生活类的妆容化妆，并且了解色彩与化妆、光影与化妆的关系；最后，要具备熟练运用技巧的能力和灵活的应变能力，以及一双发现美的眼睛与一双创造美的巧手。只有具备了这些条件，才有可能进入时尚及生活形象指导行业。

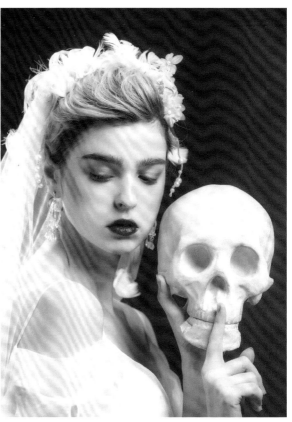

 tips

一般在时尚及生活形象指导领域有以下3点需要注意的事项。

（1）随时了解时尚动向，不断地丰富自己的知识。

（2）了解不同的人所具有的不同风格。

（3）熟练地掌握色彩的搭配方法。

3. 影视舞台化妆领域

影视舞台化妆分为影视化妆和舞台化妆。影视化妆包括电影、电视类化妆造型，舞台化妆大致可分为戏曲化妆、戏剧化妆、歌舞化妆、儿童剧化妆和T台化妆等。

影视化妆师从事的主要工作是影视表演、舞台演出等的演员造型设计。影视化妆师需要根据剧本的内容、故事的情节结构、演员的外貌和总体造型的要求，设计出符合人物角色的造型设计，并绘出设计图；需要指导制作化妆造型所需要的零配件，如头饰等；还需要实施面部化妆造型，肢体伤残造型，粘贴塑型面膜，佩戴头套、发髻，粘贴胡须，做倒模等。

舞台化妆师必须懂得舞台化妆的特点及如何与舞美各部门配合。舞台化妆的基础训练包括骨骼妆、肌肉妆、瘦妆、胖妆、动物妆等；要训练及掌握的年龄妆包括青年妆、中年妆和老年妆；要训练及掌握的还有性格特征妆、年代妆、戏曲及歌舞妆。懂得了这些技术是否就可以进入舞台化妆这个领域呢？答案是不行。因为除了之前掌握的，我们还必须了解舞台化妆的创作过程。首先，要了解剧本，剧本是艺术创作的文本基础。作为化妆师，要了解故事发生的背景、年代，主要人物的年龄、身份、相貌特征、性格特征，以及人物之间的关系等。其次，要了解演员，舞台是以演员为主导的艺术，一部舞台剧的情节内容、思想内涵都是通过演员所扮演的角色来体现的。演员是化妆艺术的创作载体，了解演员是化妆创作的重要环节。再次，根据剧本的内容、故事情节的结构、演员外貌和总体造型的要求来设计出符合人物造型的设计图。设计图得到客人的认可后，开始准备设计图中所需的东西，并制作设计图中的材料。最后，试妆与演出。只有这样，我们才能够立足于舞台化妆这个行业。如果想在这个行业中发展得更好，还要有过硬的技能与吃苦耐劳的精神，以及良好的心理素质。

以上所讲的是作为化妆造型师目前可以发展的基本领域。除此之外，化妆造型师可能从事的领域还有很多，这需要我们不断地学习、积累和探索。只要我们不断地提升与开拓，就会有更大的发展空间。

02

化妆的基础知识

一、了解色彩知识

化妆造型师一定要掌握色彩的基础知识。很久以前，人们无法理解多种多样的色彩，直至1666年，英国科学家艾萨克·牛顿（Isaac Newton）利用三棱镜将白光分解成红、橙、黄、绿、蓝、靛、紫七色色带，发展出了色彩理论，人们才对色彩有了科学的认识。之后，色彩理论进一步发展，逐步建立了写生色彩学、装饰色彩学及心理色彩学的体系。

1. 色彩的种类

● 无彩色系

无彩色系是指黑、白及不同深浅的灰色。

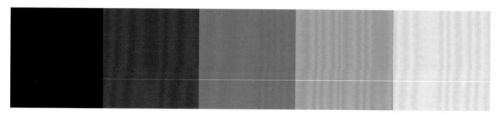

● 有彩色系

有彩色系是指红、橙、黄、绿、青、蓝、紫等颜色。不同程度的明度和纯度的红、橙、黄、绿、青、蓝、紫色调都属于有彩色系。有彩色是由光的波长和振幅决定的，波长决定色相，振幅决定色调。

● 独立色系

独立色系是指金、银两种颜色。

2.色彩的三要素

● 色相

色相是指色彩所呈现出来的质的面貌，它是区分颜色的主要依据，如红、橙、黄、绿、蓝、紫。

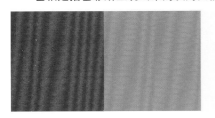 

● 纯度

纯度是指色彩的鲜艳程度，也称饱和度。如果想要降低色彩的纯度，可以向这种颜色里加入黑色或白色。

加白色的色梯：

加黑色的色梯：

● 明度

明度是指色彩的明暗程度，也称深浅度，它是表现色彩层次感的基础。在有彩色系中，黄色的明度最高，紫色的明度最低。在6种基本色相中，明度由高到低的变化为黄、橙、绿、红、蓝、紫。

（1）当向一种颜色中加白色时，这种颜色的明度变高，纯度变低。

（2）当向一种颜色中加黑色时，这种颜色的明度变低，纯度变低。

3.色彩的构成及分类

● 原色

原色也称第一次色。颜料的三原色为红、黄、蓝，光的三原色为红、绿、蓝。颜料的三原色混合后为黑色，光的三原色混合后为白色。化妆师一般只需要掌握颜料的三原色即可，所以后面我们讲到的都是与颜料相关的色彩知识。

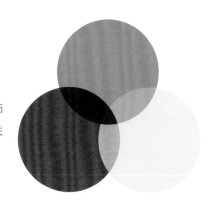

● 间色

间色又称第二次色，是由两种原色按同等比例调和出来的颜色。例如，黄+红=橙、红+蓝=紫、黄+蓝=绿，等等。

● 复色

复色又称第三次色，是由原色加间色混合而成的颜色。例如，红+橙=红橙、黄+绿=黄绿、蓝+紫=蓝紫，等等。

4.色彩的搭配

● 同类色搭配

同类色搭配易呈现出单纯、雅致、平静的效果，但有时也会让人感觉单调、平淡，如淡紫色、紫蓝色。

● 邻近色搭配

邻近色搭配易呈现出既丰富又和谐的视觉效果，是常用的色彩搭配，如橄榄绿、孔雀蓝。

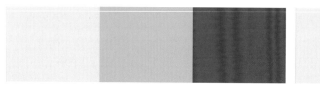

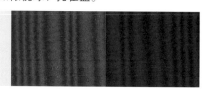

● 对比色搭配

对比色搭配又称互补色搭配，是指色环上相对（在色环上呈180°角）的颜色进行搭配，呈现的色彩效果对比强烈，具有较强的视觉冲击力，如红与绿、黄与紫、蓝与橙。

5. 色彩的冷暖

　　色彩的冷暖涉及个人的心理感受，具有一定的相对性。色彩的冷暖是相互依存、相互联系、相互衬托的，并且主要通过色彩之间互相映衬和对比体现出来。一般而言，当一种颜色中含有红、橙、黄3种色系中的一种色调时，通常为"暖色"；当一种颜色中含有蓝色系中的一种色调时，通常为"冷色"；而绿、紫等色给人的感觉是不冷不暖，故称"中性色"。色彩的冷暖是相对的，在同类色彩中，含暖色成分多的较暖，反之较冷。

6. 色彩语言

　　每种色彩都有自己的语言，当我们把它们运用到化妆造型中时，就能赋予造型不同的生命力，营造出不一样的妆感效果。

　　红：活跃、热情、勇敢、爱情、健康、野蛮。

　　橙：富饶、充实、未来、友爱、豪爽、积极。

　　黄：智慧、光荣、忠诚、希望、喜悦、光明。

　　绿：公平、自然、和平、幸福、理智、幼稚。

　　蓝：自信、永恒、真理、真实、沉默、冷静。

　　紫：权威、尊敬、高贵、优雅、信仰、孤独。

　　黑：神秘、寂寞、黑暗、压力、严肃、气势。

7. 案例分析

案例一：本作品主要运用了蓝色系的色彩,打造了中国青花瓷的底蕴,并且运用橘色增强了作品的灵动感。

案例二：本作品主要运用不同层次的橘色系色彩让妆面产生了层次感。

二、化妆品与化妆工具

"工欲善其事,必先利其器。"作为一名专业的化妆造型师,选择专业的化妆品、化妆工具与具备专业的化妆技能一样重要,而且正确选择和使用专业的化妆品、化妆工具还能弥补一些化妆技巧上的缺陷。如果化妆造型师拥有高超的化妆技术,再加上专业的化妆品和化妆工具的辅助,势必会如虎添翼,创作出更加出彩的作品。

1. 专业护肤类产品

● 妆前护肤产品

妆前护肤产品主要有水乳、修护精华和隔离霜。

水乳、修护精华：能够改善皮肤状态,有滋润皮肤,让妆面更加通透、伏贴的作用。

隔离霜：有隔离彩妆、紫外线、灰尘等的作用，避免皮肤受到伤害，还可以修饰肤色，使粉底更加伏贴。隔离霜可大致分为3种。第1种是绿色隔离霜，主要用于修饰面部发红及有红血丝的皮肤；第2种是紫色隔离霜，主要用于修饰面部发黄的皮肤；第3种是肤色隔离霜，主要用于调整不均匀的肤色，可遮盖小瑕疵，适合各类肤色。

● 妆后护理产品

妆后护理产品主要有卸妆乳（液）、卸妆油和卸妆霜。其作用是有效地卸除面部的彩妆，同时防止化妆品伤害皮肤。

卸妆乳（液）：适合卸除生活类淡妆，其清洁能力一般。

卸妆油：适合卸除浓妆，其清洁能力较强。

卸妆霜：同样适用于卸除浓妆，其清洁能力极强。

2.彩妆产品

● 粉底

粉底是一种化妆基础用品，具有调和肤色、遮盖瑕疵的作用，主要分为以下3种。

液体类：含水分较多，含油较少，易晕开，遮盖力较弱，适用于干性皮肤或者皮肤状态较好的化淡妆的人群。

霜状类：含油多，且粉质含量较高，不易晕开，遮盖能力较强，滋润，适用于干性皮肤。

膏状类：粉质含量很高，遮盖力强，适用于任何皮肤，一般在专业化妆造型中使用。

此外，选择粉底时还需要注意以下4点。

第1点：防水性好。防水性好的粉底使用后不容易脱妆和花妆，妆效更持久。

第2点：质地细腻。质地细腻的粉底能被皮肤更好地吸收，而且粉底与皮肤更贴合，不易脱妆，妆效更持久。

第3点：遮盖力强。遮盖力强的粉底可以有效掩盖和修饰脸部的瑕疵，使底妆更完美。

第4点：附着力强。附着力强的粉底更容易上妆，且上妆后与皮肤更贴合，妆效更自然，且不易脱妆。

● 定妆粉

定妆粉又称蜜粉或散粉，用于全脸及全身定妆，让妆效持久，且不易晕妆。定妆粉的颜色有很多种，质地有亚光和珠光之分。亚光类定妆粉适用于所有化妆造型，使用后面部的光泽感不够强；珠光类定妆粉含闪光颗粒，使用后可使面部充满光泽感，且通透自然。可根据化妆造型的要求选择使用不同类型、不同颜色的定妆粉。

使用方法：用粉扑或定妆刷蘸取适量定妆粉，将其涂抹于面部，完成定妆。

● 眉笔和眉粉

眉笔和眉粉常见的颜色有黑色、灰色和棕色，一般选择与发色相近的颜色。

眉笔：一般颜色饱和，笔芯较硬，能描画出流畅的线条。

眉粉：一般用眉刷蘸取，其颜色柔和，可用于柔化眉笔画出的线条。

● 眼影

眼影是化妆品中色彩丰富、种类较多的产品，能起到修饰眼形的作用。其分类情况如下所示。

■ 按眼影的材质分类

粉状类：使用最为广泛，大多用于专业化妆造型。

水溶类：以珠光为主，质感细腻，色彩鲜艳。

膏状类和液体类：适用于生活妆，防水性好。

■ 按眼影的质感分类

亚光类：易晕开，有利于表现眼影的层次感。

珠光类：含闪光颗粒，使用后时尚感较强。

■ 按眼影的应用范围分类

日化型：适用于生活淡妆，色彩饱和度较低。

专业型：适用于专业化妆造型，也可用于生活妆容的打造。

● 画眼线的化妆品

画眼线的化妆品是用于表现眼部神采的重要产品，也是矫正不标准眼形不可或缺的产品。其主要可分为以下4种。

眼线笔：笔芯较软且容易上色，适合着淡妆者及初学者使用。

眼线液：画出的线条流畅，颜色饱和度高，防水性好，但初学者不易掌握。

眼线膏：易上色，饱和度高且防水，适用于浓妆的塑造。

水溶性眼线粉：色彩丰富，不易晕妆。

● 睫毛膏

睫毛膏的主要作用是使睫毛浓密、卷翘。睫毛膏一般分为浓密型和纤长型两种。浓密型睫毛膏的刷毛浓密，使用后可使睫毛产生浓密的效果；纤长型睫毛膏含纤维较多，使用后可使睫毛看起来更长。

■ 专业睫毛膏的选择要点

第1点：防水。

第2点：易卸除。

第3点：质地轻盈。

■ 专业睫毛膏的使用要点

第1点：采用Z字形涂刷方式，可保证睫毛根部也被涂抹到。

第2点：睫毛膏的使用期一般为3~6个月。

第3点：使用完睫毛膏，一定要将盖子拧紧，以防止膏体变干。

● 腮红

腮红的作用是使面部显得红润、健康，可改善人的气色。腮红可以从色彩和质地两个方面来分类。

■ 按色彩分类

橘色系列：适合暖色调妆容和肤色较暗的人，着重表现活泼、健康的感觉。

粉色系列：适合冷色调妆容和皮肤白皙的人，着重表现可爱、粉嫩的感觉。

红棕色系列：适合立体感强及酷感十足的妆面。

■ 按质地分类

粉状：适合大多数肤质，其效果自然，适合初学者使用，一般用于定妆后。

膏状：适用于干性皮肤及较水润的妆容，防水性能好且效果持久，一般用于定妆前。

● 口红

口红是护理和修饰唇部的专业化妆产品，一般可分为唇膏、唇彩和唇蜜等，有护理唇部和调整气色的作用。

● 亮粉

亮粉是眼影的辅助产品，其色彩绚丽，具有金属的光泽感。使用后可突显眼妆闪亮的效果，让妆容更加绚丽且充满时尚感。

3.专业化妆工具

● 化妆海绵

化妆海绵是涂抹粉底产品的专用工具，它能使粉底更加伏贴。化妆海绵多种多样，一般宜选择质地柔软、有弹性且密度大的化妆海绵。海绵在使用时会吸收水分，造成细菌滋生，因此在使用前需清洁消毒。一般是一客一个新海绵，务必做到清洁卫生。

● 化妆粉扑

化妆粉扑是用于全脸定妆的工具，也可作为避免花妆的垫衬使用。一般选择较柔软而蓬松的粉扑，在使用时要注意粉扑的清洁卫生。

● 美目贴

美目贴的作用主要是调整眼形，塑造双眼皮和大眼睛效果。

■ 美目贴的种类

纸质类：效果自然，不反光。

胶布类：支撑效果好，但是不易着色，痕迹较重。

纱网类：隐形效果佳，效果自然，支撑效果一般。

■ 美目贴的使用方法

下垂眼：重点贴眼尾，将眼尾往上提。

单眼皮：紧贴睫毛根部粘贴。

双眼皮褶皱不明显及眼皮内双：压着双眼皮褶皱线粘贴。

● 修眉刀

修眉刀主要用于修眉形，也可用于去除面部多余的毛发。

● 眉剪

眉剪用于修剪过长的眉毛，也可用于修剪美目贴及假睫毛等。

● 眉钳

眉钳用于拔掉多余的眉毛，也可用于夹取假睫毛。

● 睫毛夹

睫毛夹的作用是夹卷睫毛，一般选择不锈钢材质的睫毛夹。小型局部睫毛夹可用于处理大睫毛夹处理不到之处。

● 假睫毛

假睫毛使用后可让睫毛看起来更加浓密纤长，其大致可分为以下两大类。

夸张型：一般用于舞台妆面。

自然型：多用于生活妆，有整个假睫毛粘贴的，也有一根根粘贴的。

● 睫毛胶

睫毛胶用于粘贴假睫毛、睫毛辅助产品及面部装饰物。其呈乳白色，使用后变干，没有颜色且无粘贴痕迹。一般在半干的状态时，其黏度最强。

● 专业彩妆刷

专业彩妆刷的刷毛一般分为动物毛和合成毛两种。动物毛毛质柔软，吃粉能力强，能使化妆品均匀伏贴，一般不刺激肌肤。据彩妆师介绍，貂毛是刷毛中的极品，质地柔软适中；山羊毛是最常见的，质地柔软耐用；小马毛的质地比普通马毛更柔软、有弹性。人造毛、人造纤维一般比动物毛硬，适用于质地厚实的膏状彩妆涂抹；尼龙质地最硬，多用于制作睫毛刷和眉刷。

Ⓐ扇形刷：用于清扫面部多余的粉。　Ⓑ修容刷：用于提亮面部及修饰阴影。　Ⓒ粉底刷：用于涂抹粉底。

Ⓓ腮红刷：用于涂抹腮红。

Ⓔ眼影刷：用于涂抹眼影，其中不同的型号用于眼的不同部位。

Ⓕ眼线刷：用于画眼线，一般配合眼线膏或水溶性眼线粉使用。

Ⓖ睫毛刷：用于梳理睫毛及眉毛。

Ⓗ眉刷：用于蘸取眉粉画眉。

Ⓘ眉梳：用于梳理眉毛，也可用于梳理打结的睫毛。

Ⓙ遮瑕刷：用于修饰化妆时出现的小错误及遮盖面部瑕疵等。

Ⓚ唇刷：用于涂抹唇妆产品。

Ⓛ眼影棒：用于描画颜色较浓烈的眼影，可减少眼影掉粉的情况。

Ⓜ鼻侧影刷：用于修饰鼻侧阴影，使鼻子更加立体。

4.化妆清洁用品

化妆清洁用品包括棉棒、棉片、纸巾等，主要用于去除面部污渍及卸妆。

5.化妆箱

化妆箱是用于放置专业化妆品的工具箱。一般选择容量较大的且推拉型的化妆箱，这样既可最大限度地容纳化妆品，又可以减轻化妆造型师的负担。

6.化妆装饰物

化妆装饰物是指水钻、羽毛、蕾丝、贴花等可丰富妆面效果的造型辅助产品。

三、五官与面部结构

化妆造型师想要塑造出理想的妆容造型，就需要对人物特点和标准五官知识有深刻的了解并将其掌握，同时还要了解和分析客人本身的形象特点。在日常生活中，我们遇见的客人可能相貌平平，五官及脸形不够标准，这时就需要化妆造型师根据标准的五官比例来进行调整。

1.三庭五眼

三庭是指面部的长度比例。将前发际线到下巴尖分为3等份，故称"三庭"。上庭指前发际线到眉线部分，中庭指眉线到鼻底线部分，下庭指从鼻底线到下巴尖。每个部分都占脸部的1/3。五眼是指脸部的宽度比例。从正面看，五眼从左耳孔到右耳孔分为5等份，两眼之间的距离为一只眼睛的宽度。"三庭"决定着脸的长度，"五眼"决定着脸的宽度，通过化妆矫正脸形应以此为依据。

眼与眉的距离为一只眼的宽度，眼睛的内眼角与鼻翼在一条垂直线上。直视鼻部正面，两侧鼻翼最外面的点与两眉间的中点构成一个黄金三角形；鼻部宽度标准就是两侧鼻翼的间距正好等于两个内眼角的间距，鼻梁宽度为两个内眼角间距的1/3。标准唇形唇峰的位置在嘴角到人中的2/3处，上唇与下唇的厚度比例约为1∶1.5。

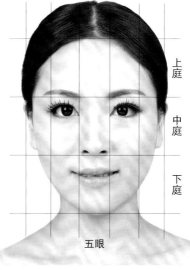

2. 面部结构

五官——口、耳、眼、鼻、眉对于容貌很重要。对化妆造型师来说，面部结构对化妆技法的运用影响很大。因此，我们在了解和掌握面部结构的相关知识以后，就能根据模特的脸部特征和五官特点进行修饰。这样可以在打造好基础妆容的同时，对脸形和五官进行矫正。

1.眉头
2.眉腰
3.眉峰
4.眉尾
5.双眼皮褶皱线
6.太阳穴周围
7.外眼角
8.内眼角
9.三角区
10.鼻翼
11.嘴角
12.唇峰
13.唇肚
14.唇珠
15.下颌骨
16.颧弓下线
17.颧骨
18.眉弓骨
19.T区

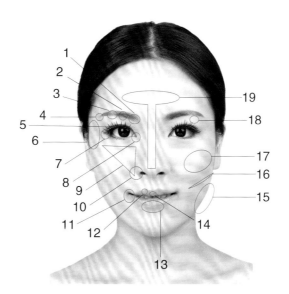

四、认识皮肤

了解顾客的肤质是化妆的第一步，了解顾客的肤质后才能决定选用哪些化妆品。

1. 不同肤质的特点

● 干性皮肤

　　干性皮肤毛孔细小，皮肤干，易缺水，肤色暗黄，容易长色斑，易显老。

● 油性皮肤

　　油性皮肤的人面部泛油光，毛孔粗大，易长粉刺和痘痘。但是，其面部有光泽，不易长皱纹，不易显老。

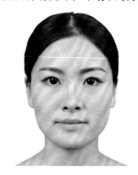

● 混合型皮肤

　　混合型皮肤的人T区常呈现油性皮肤状态，但脸颊和眼周多呈现干性皮肤状态。冬天，脸颊容易干燥；夏天，T区极容易出油。因此，护肤时需要根据皮肤性质分开护理，这样才能让整个面部都保持良好的状态。

● 敏感性皮肤

　　敏感性皮肤薄而敏感，易受刺激，通常皮肤的毛细血管明显。皮肤会呈现出不健康的状态，从而给人柔弱及病态的印象。

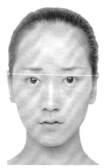

● 中性皮肤

　　中性皮肤是最好的皮肤状态，一般只在婴儿时期出现，毛孔细小，皮肤光滑而细腻，且富有弹性。

2. 不同肤色的特点

　　不同的肤色对人的影响非常大，不同肤色的人给人的印象也不一样。亚洲人的肤色主要分为三大类。

　　肤色暗沉类：皮肤暗沉，无光泽，显得没有精神，气色差。

　　肤色苍白类：皮肤苍白，没有血色，易显病态。

　　肤色偏黑类：皮肤偏黑，没有光泽，易显老。

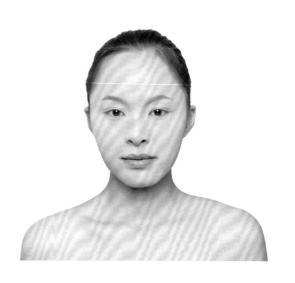

03

五大化妆核心之底妆

底妆直接影响着整个妆面的妆容效果。好的底妆不但可以让皮肤看起来更加细腻，肤色更加自然，易上色，妆效也更持久，而且能够有效地遮盖脸上的雀斑和痘印等瑕疵，让皮肤看起来更加光滑。

底妆很重要，缺少了底妆，妆效不会好。底妆对整个妆容的重要性就如同干净的画纸对绘画的重要性。

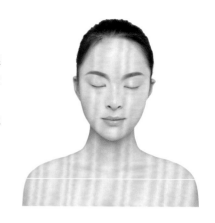

一、认识底妆

底妆是最基础也是最重要的化妆部分，它不仅能改善肤色，遮盖皮肤瑕疵，还能让皮肤呈现出健康的质感。底妆如同一块画布，如果画布不干净，无论你之后的妆面打造得多好，最终的妆效都会大打折扣。选择的粉底对底妆的影响非常大。

1.不同质地的粉底

● 液体粉底

优点：含水量高、易涂抹、易上妆，使用后皮肤清透、自然、健康，且具有光泽。

缺点：含粉量不高，遮盖力弱，易脱妆。

用法：适宜用手直接涂抹，也可用海绵蘸取使用。

适合的肤质：适合中性、干性皮肤或各方面状态都较好的皮肤。

● 霜状粉底

优点：含油量和含粉量都偏高，且有较强的遮盖力。

缺点：质地厚重，不易涂抹均匀。

用法：用海绵蘸取使用。

适合的肤质：适合干性或中性皮肤。

● 膏状粉底

优点：油脂和粉质含量都较高，遮盖力强，有修饰脸形及加强面部立体感的作用。

缺点：妆效偏浓。

用法：用海绵蘸取使用。

适合的肤质：适合大多数皮肤。

● 干湿两用粉底

优点：遮盖力较强，不易脱妆，干湿双重用法，使用方便；干的可定妆，湿的可将皮肤打造得通透自然。

缺点：经常使用会让皮肤变得干燥。

用法：用海绵、粉扑或化妆刷蘸取使用。

适合的肤质：适用于大多数肤质，但干性皮肤尽量少使用干粉饼，否则会使皮肤更干。

2.底妆的作用

大多数人都会化底妆，但真正了解底妆作用的人却较少，甚至很多人感觉化底妆没有太大的作用，其实不然。底妆从化妆顺序上来讲是化妆的第一步，是化妆的根基，而且它直接影响着后面所有的化妆步骤及质量，所以好的妆容必须有一个好的底妆。以下是底妆的三大作用。

（1）调整和统一肤色。因眼周及嘴角活动的次数较多，导致色素沉积，颜色往往比其他部位显得暗沉，这就需要运用底妆来调整和统一整个面部的肤色，达到均匀肤色的效果。

（2）遮瑕。底妆可以遮盖面部的痘印、斑点、红血丝、毛孔、黑头、粉刺等。

（3）加强面部立体感。底妆可强化面部的立体感，让面部的轮廓更加明显，使五官更加立体。

下图为模特未化底妆的照片，肤色暗淡、不均匀，黑眼圈严重，脸上有瑕疵。

下图为模特完成底妆后的照片，肤色白皙、均匀，五官立体感强，脸上无瑕疵。

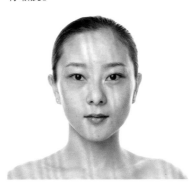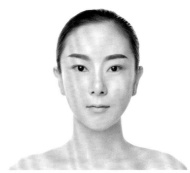

二、妆前护理与卸妆技巧

妆前护理是指做好妆前护肤，为底妆打好基础。妆前护理是化妆造型中一个非常重要的步骤。只有让肌肤处在最佳的状态，才能够打造出完美的妆容，避免由一些肤质问题等导致的一系列化妆问题发生。下面为大家讲解新手学化妆前必须懂得的妆前护理知识。

1.妆前护理步骤

● 清洁皮肤

清洁皮肤的主要目的有以下两点：第1点是清除皮肤表面的污垢及皮肤的分泌物，保持皮肤的毛孔畅通，防止细菌感染及毛孔堵塞而产生粉刺及黑头等皮肤问题；第2点是使皮肤得到放松和休息，调节皮肤的pH值，从而保护皮肤。

01 取适量清洁霜，从额头中央以打圈的方式往外揉搓。

02 从鼻梁往两侧鼻翼揉搓。

03 在下颚部位由中间向两侧揉搓。

04 在脸颊部位从下往上轻柔地揉搓。

05 在眼周部位从太阳穴往颧骨方向揉搓。

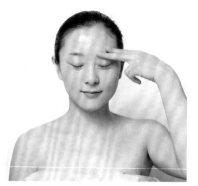

06 眼睑部分属于脸部最敏感的部位，揉搓时注意动作要轻柔。

07 在颈部两手由下到上交替进行按摩和揉搓。

08 用整只手从颈前到颈后进行按摩和揉搓。

09 用清水清洗，注意检查后颈是否清洗干净。

● 护肤

■ 补水

脱妆的重要原因之一是脸部肌肤的水分不足，导致粉底不伏贴。因此，在上妆前需要为肌肤补充足够的水分，用化妆水湿敷脸部是一个比较好的方法。湿敷能够瞬间提升肌肤的含水量，有效地预防皮肤起皮并缓解皮肤出油的问题。在清洁面部之后，可使用具有良好保湿效果的高机能化妆水或精华水浸湿化妆棉，然后敷在额头和脸颊处10分钟左右。湿敷之后再上妆，可以很好地提高底妆的伏贴度。

01 用化妆棉蘸取足量的化妆水，由额头中央滑至两侧进行涂抹。

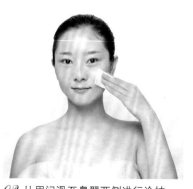

02 从眉间滑至鼻翼两侧进行涂抹。

03 从嘴角开始，围绕嘴巴进行涂抹。

04 从下颚尖由下往上涂抹至太阳穴。

05 眼睑下方是最易产生细纹的,所以需要从内眼角向外眼角仔细地轻轻涂抹。

06' 涂抹眼睑,可以轻拍肌肤,让水分更好地被吸收。

■ 乳液锁水

乳液能够锁住水分,避免水分流失,让皮肤的水润状态更持久,不易脱妆。

01 洁面后,在面部涂抹足量的化妆水,待化妆水被皮肤吸收后,取适量乳液,在手心将其搓热。

02 从两颊开始,以打圈的方式将乳液从内向外涂抹。

 tips

在选用乳液产品时,若为油性皮肤,建议选用水分子含量较高的水乳类乳液,以保持皮肤的水油平衡;若为干性且毛孔较细的皮肤,则应选用保湿性好且营养分子较小的乳液。对于毛孔细小的皮肤,若使用营养分子较大的保湿产品,则容易造成表层毛孔堵塞,导致保湿产品中的营养成分无法渗入皮肤,也就无法真正起到保湿的作用,反而会让皮肤无法自然呼吸,从而引起皮肤问题。

03 围绕嘴巴涂抹。

04 从下颚开始,从下往上做提拉式涂抹。

05 在额头处以打圈的方式涂抹,直至乳液全部被皮肤吸收,操作完成。

2. 美容保养知识

在日常生活中，我们可以多留意一些皮肤保养的方法。以下给大家介绍几种美容养颜的方法。

■ 按摩皮肤

按摩皮肤能让肌肤更好地吸收护肤品中的营养成分，让彩妆更加伏贴。按摩眼周皮肤可以促进眼周的血液循环，可以减轻浮肿，淡化黑眼圈，让眼妆不易晕妆。

■ 米汤美容

将大米粥或玉米粥煮熟后，取适量米汤涂抹于脸部，可使谷物中所含的蛋白质及其他营养成分渗入皮肤表层，促进表皮毛细血管的血液循环，增强表皮细胞的活力。米汤美容法在晚饭后或早餐时均可采用。如果没有米汤，也可用新鲜的牛奶、果汁等代替。

■ 饮食美容

多吃豌豆能够祛除黑斑，令面部更加有光泽；多吃土豆有利于身体排毒、润肠通便，还有减肥的作用；白萝卜有"小人参"之称，多吃利五脏，可令皮肤白净；多吃蘑菇能够保持肠内的水分平衡；多吃黄瓜能够清洁、美白肌肤，有助于修复晒伤，消除雀斑，缓解皮肤过敏。

3. 专业卸妆技巧

化妆的人临睡前总要卸妆。注意，如果卸妆的方法不正确，卸妆就可能对皮肤造成伤害。下面来了解一些能够减少对皮肤的伤害并能将皮肤清理干净的专业卸妆技巧。

■ 卸妆产品的选择

保养需从细节做起，不要认为早上喝一杯温水不会起作用，更不要认为马虎卸妆后皮肤不会察觉。保养得是否得当，会直接表现在皮肤上。

卸妆产品大致分为以下3种。卸妆水（乳），含水分多，一般适合卸除淡妆；卸妆油，含油量高，适合卸除浓妆，但油性皮肤慎用；卸妆霜（膏），含油量较高，适合用于干性皮肤。

■ 正确的卸妆步骤

01 用纸巾擦去唇部的彩妆，再用专用卸妆液轻柔地涂抹唇部。

02 用化妆棉蘸取眼部专用卸妆液，在眼部轻按5秒，让卸妆液有充分的时间溶解彩妆成分。

03 将纸巾对折后放在下眼睑处，模特合上眼，再用蘸取卸妆液的棉花棒将睫毛尤其是睫毛根部的睫毛膏及眼线残留物清除干净。然后让模特睁开眼睛，将纸巾放在下眼睫毛的根部，用棉花棒对下睫毛做同样的操作。

04 用卸妆油涂抹整个面部，面部的彩妆和卸妆油完全融合后，蘸取少量清水，使卸妆油充分乳化后再用流水洗净，操作完成。

三、平面底妆塑造

平面底妆是指用一个色号的粉底产品进行底妆的塑造。这种底妆一般适合于日常生活类妆容和淡妆，不适合在浓妆或者夸张类妆容中使用。平面底妆会让整个面部没有立体感。

在塑造平面底妆时，隔离霜起着非常大的作用。它不仅能调节肌肤的油分和水分，让肌肤达到水油平衡，还能使粉底更易上妆。隔离霜是护肤的最后步骤，也是上彩妆的第一步。

 tips

塑造底妆需要注意以下两点。

（1）皮脂分泌较少的眼部周边、两颊和嘴角等位置需要用海绵蘸取粉底液，少量多次地进行涂抹。

（2）在皮脂分泌较多的部位，如T区、下巴和鼻翼等位置，应用定妆粉少量多次地进行定妆。

01 取适量隔离霜，按"脸颊→额头→鼻子→下巴"的顺序均匀地涂抹。

02 用橘色的遮瑕膏遮盖黑眼圈及眼袋。

03 用手指或化妆海绵蘸取粉底液，按"脸颊→额头→鼻子→下巴"的顺序涂抹脸部。

04 用海绵从额头中心往四周提拉涂抹。

05 从内眼角向太阳穴处涂抹。

06 用粉扑蘸取定妆粉，对面部进行定妆。特别要注意眼周、鼻翼、嘴角、T区等部位，确保定妆到位。

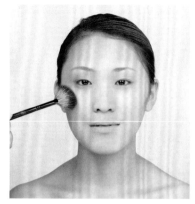

07 用扇形刷将面部多余的粉清理干净。

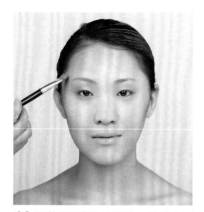

08 用高光刷蘸取高光粉，提亮太阳穴周围。

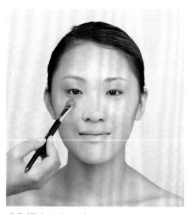

09 提亮面部三角区。

10 提亮面部T区。

 tips

对脸部进行提亮时，切忌一次蘸取过多的高光粉，应采用少量多次的方法均匀地涂抹，这样打造的妆容才会更加通透、自然。

 tips

对于平面底妆的塑造，注意用阴影刷蘸取阴影粉修饰面部时，切忌一次蘸取过多，可少量多次地在面部颧弓下线处均匀地涂抹，这样塑造的底妆才会更加通透、自然。

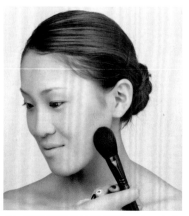

11 用阴影刷蘸取阴影粉，在面部颧弓下线处进行涂抹。

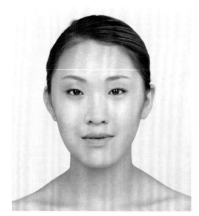

12 确保面部干净，操作完成。

四、立体底妆塑造

　　立体底妆是指用三个不同色号的粉底产品进行底妆的塑造。这种底妆一般适用于晚宴类妆容、摄影类妆容和创意类妆容，不适合在淡妆或生活类妆容中使用。立体底妆会让整个面部具有立体感，五官轮廓更明显，妆容效果和矫正效果非常好。如果在日常生活中使用立体底妆，妆容会稍显厚重，而且不自然。

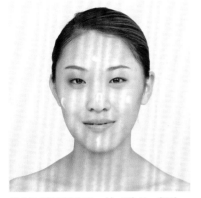

01 取适量隔离霜，按"脸颊→额头→鼻子→下巴"的顺序对脸部进行涂抹。

02 采用橘色的遮瑕膏，对黑眼圈及眼袋进行遮盖。

03 用手指或海绵蘸取粉底液，按"脸颊→额头→鼻子→下巴"的顺序对脸部进行涂抹。

04 用海绵从额头中心往四周提拉涂抹。

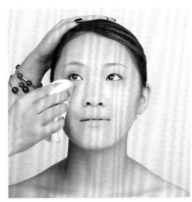

05 从内眼角往太阳穴处涂抹。

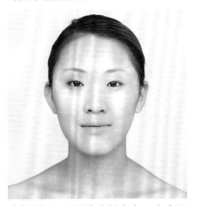

06 选择颜色较浅的粉底膏，在太阳穴、T区、三角区等高光区域涂抹。

07 用比肤色深一些的粉底膏对面部颧弓下线处、下颌及鼻侧等位置进行修饰。

08 用粉扑蘸取定妆粉，对面部进行定妆。特别要注意眼周、鼻翼、嘴角、T区等部位，确保定妆到位。

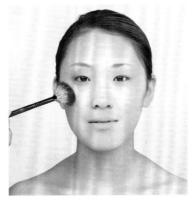

09 用扇形刷把面部多余的粉清理干净。

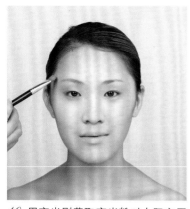

10 用高光刷蘸取高光粉对太阳穴周围进行提亮。

11 对面部三角区进行提亮。

12 对面部T区进行提亮。

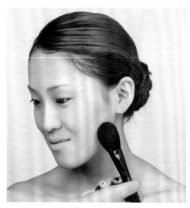

13 用阴影刷蘸取阴影粉对面部颧弓下线处进行修饰。

14 用阴影刷蘸取阴影粉对鼻侧进行修饰。

15 确保面部干净，操作完成。

晕染鼻侧影时需仔细，切忌使用阴影粉时一次蘸取过多，否则会让鼻侧影颜色过深，使面部显得生硬。可以少量多次地涂抹。

五、不同肤质的底妆塑造

在化妆过程中，肤质对妆容的影响非常大。针对不同肤质，底妆的塑造方法不同。以下是针对不同肤质的底妆打造技巧。

1. 干性皮肤

皮肤特征：皮肤干燥缺水，易长皱纹和色斑。

适合粉底：应该选择油分和水分较多的霜状或液体粉底，这类粉底能更好地对皮肤起到滋润和保湿的作用。

注意事项：在上妆前应该使皮肤保持足够滋润，先给皮肤涂抹足量的化妆水及滋润型乳液；使化妆海绵保持湿润，如果需要，可在涂抹粉底时再次用化妆水及乳液涂抹面部。这样底妆才会显得伏贴、滋润且通透自然。

底妆的塑造

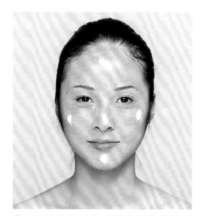

01 用补水产品给皮肤做充分的补水保湿工作，为底妆打好基础。

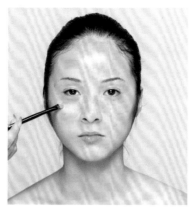

02 用遮瑕产品对面部色斑进行遮盖。

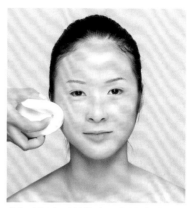

03 选择合适的粉底，将其涂抹于面部，进行打底。

04 选择合适的蜜粉，进行定妆。

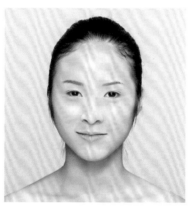

05 确保妆面干净，操作完成。

2. 油性皮肤

皮肤特征：面部泛油光，毛孔粗大，且易长痘。

适合粉底：可选用干湿两用粉饼或者粉底膏，不能选用滋润型粉底。

注意事项：上完粉底后，务必注意定妆要到位。

 tips

在日常生活中，针对油性皮肤还需加强面部的清洁与护理。油脂分泌旺盛易造成毛孔堵塞，所以在补水前务必保持皮肤干净、通透，使毛孔处于正常呼吸的状态。

底妆的塑造

01 用吸油纸吸附皮肤表面的油脂。

02 对面部进行补水。皮肤出油是因为皮肤中水油不平衡，所以应选用具有控油和补水效果的护肤品对皮肤进行保湿。

03 用粉底对面部进行打底。在有痘印的部位进行局部遮瑕。

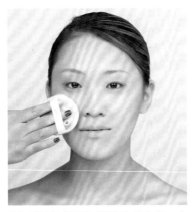

04 用干粉扑蘸取蜜粉进行定妆，定妆时需处理到位。这样底妆才会既伏贴、干净又不易花妆。

05 确保妆面干净，操作完成。

3. 特殊皮肤

皮肤特征：皮肤薄，敏感，有红血丝，易受刺激。

适合粉底：选用抗过敏的粉底。

注意事项：在进行保湿护理时要使用抗过敏的护肤产品。

底妆的塑造

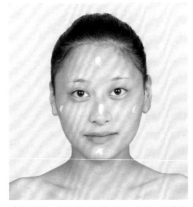

01 用抗过敏的化妆水和乳液对脸部进行补水。

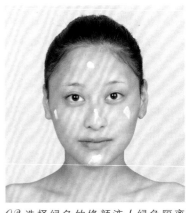

02 选择绿色的修颜液（绿色隔离霜）修饰面部的红血丝。

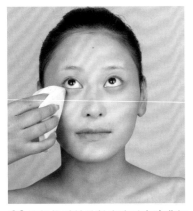

03 选择抗过敏的粉底液对皮肤进行打底。在打底过程中，注意动作要轻柔，化妆海绵要保持干净。

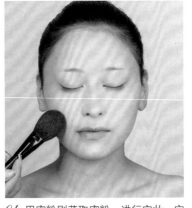

04 用蜜粉刷蘸取蜜粉，进行定妆。定妆时，注意需要对鼻翼、眼周、嘴角等处反复、仔细地涂抹，动作要轻柔，确保定妆到位。

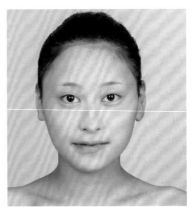

05 确保妆面干净，操作完成。

六、不同肤色的底妆塑造

在打造底妆时，不同肤色的人选用的化妆品不一样。下面来介绍不同肤色的底妆塑造方法。

1. 偏白肤色

皮肤特点：皮肤苍白，带有红血丝，面部缺少血色。

底妆的打造要点

第1点：选择绿色隔离霜遮盖红血丝。

第2点：选择一款偏粉色的粉底产品或稍微比肤色暗一点的粉底产品打造底妆。

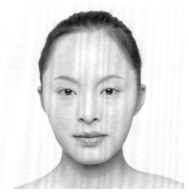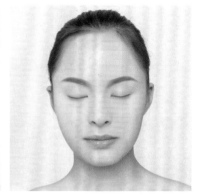

2. 偏黑肤色

皮肤特点：皮肤黑，没有光泽，显老，但皮肤的瑕疵不明显。

底妆的打造要点

选择偏粉色的矫正液矫正肤色，切记所选用的粉底颜色不能与皮肤的颜色差太多。

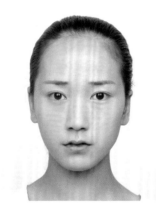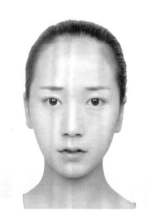

3. 偏黄肤色

皮肤特点：皮肤暗沉，无光泽，给人萎靡不振和病态的感觉。

底妆的打造要点

第1点：选择紫色隔离霜遮盖红血丝。

第2点：选择一款紫色的调色粉底，将其涂抹于面部，以改善肤色。

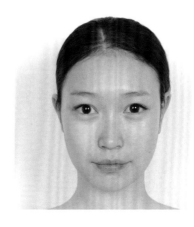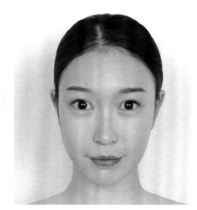

"共享资源"验证码：55385

04

五大化妆核心之眉妆

如果说一个人向别人展示的是"精、气、神"，那眼睛就是"神"，腮红和口红就是"精"，而眉毛就是"气"。"气"就是指一个人的气质。通过画眉可以改变脸形，塑造妆面风格，体现时代感。决定眉毛大致位置的三大要素为眉头、眉峰和眉尾。一条有立体感、自然的眉毛应该浓淡相宜。有很多人不会画眉妆，甚至害怕画眉妆，主要是因为没有掌握好眉毛的立体感和画眉的标准。画立体眉毛的要诀就是八个字——前淡后浓，上淡下浓。其中的浓淡是相对的，要做到浓淡相宜。画眉时，眉毛边缘可适当晕染一下，不能将眉毛画成呆板的框状。

处理眉妆有以下两点技巧：
（1）可用眉粉来刻画眉形。
（2）可用眉笔来表现眉毛的立体感。

一、眉妆的作用

眉毛的主要作用是保护和美化眼睛，而眉妆能凸显一个人的气质。眉妆有以下3个作用。

修饰脸形

虽然每个人都希望自己拥有完美的脸形，但并不是每个人都能如愿。在化妆造型中，眉毛对脸形有着重要的调整与修饰作用。另外，眉形对脸形的修饰与美化也起着重要作用。例如，圆脸形可以搭配挑眉，从视觉上拉长脸形；长脸形可以搭配平眉，让脸形从视觉上变宽，显得不那么长。

弥补不足

在日常生活中，并不是所有人都有一对标准的眉毛，因此就需要化妆造型师通过化妆对不标准的眉形进行修剪、描画。例如，向心眉、离心眉、高低眉等不标准的眉形，都可以通过化妆打造成标准眉形。

强调个性

不同的眉形可以赋予人不同的气质和魅力，如剑眉可以体现男性的潇洒和阳刚之气，柳叶眉可以完美地体现女性的柔和、温婉。因此，眉妆具有强调个性的作用。

二、眉毛的结构及标准眉形

眉毛为"七情之首"，掌握了眉毛的结构才能更好地设计眉形。

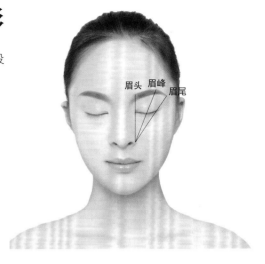

1. 眉毛的结构

眉头在鼻翼外侧与内眼角连接线的延长线上。

眉峰在眉头到眉尾的2/3处，或是鼻翼外侧与人眼平视前方时外眼球连线的延长线上。

眉腰指眉头到眉峰的部分。

眉尾在鼻翼外侧与外眼角连接线的延长线上，或是嘴角与外眼角连接线的延长线上。

2. 标准眉形

标准眉形与柳叶眉接近，判断标准和基本原则如下。

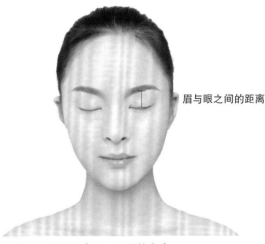

眉与眼之间的距离

眉与眼之间的距离为一只眼的宽度。

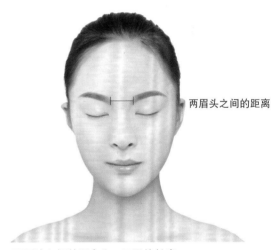

两眉头之间的距离

两眉头之间的距离为一只眼的长度。

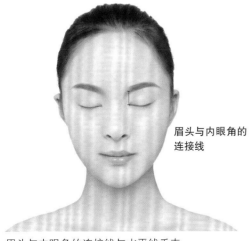

眉头与内眼角的连接线

眉头与内眼角的连接线与水平线垂直。

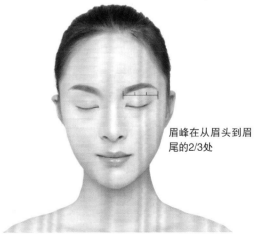

眉峰在从眉头到眉尾的2/3处

眉峰在从眉头到眉尾的2/3处，或者是鼻翼外侧与人眼平视前方时的眼球连接线的延长线上。

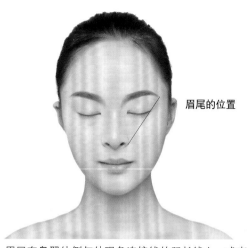

眉尾的位置

眉尾在鼻翼外侧与外眼角连接线的延长线上，或者是嘴角与外眼角连接线的延长线上。

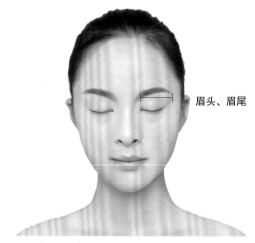

眉头、眉尾

眉头与眉尾基本上在同一水平线上，或是眉尾稍高于眉头。

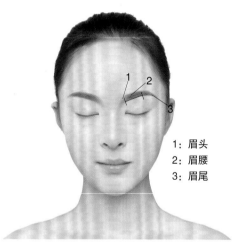

1：眉头
2：眉腰
3：眉尾

眉毛的生长方向为眉头斜向上，眉腰斜顺，眉尾斜向下。

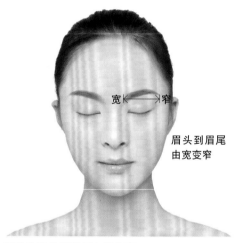

宽　窄

眉头到眉尾由宽变窄

眉毛从眉头到眉尾由宽变窄。

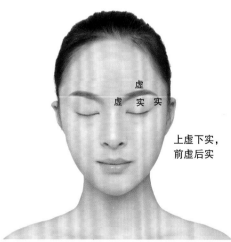

虚
虚　实　实

上虚下实，前虚后实

立体眉呈上虚下实、前虚后实的状态，眉腰处眉毛的颜色相对较深。

三、眉形分析

眉形一般是按照眉腰弧度的走向来划分的。常见的眉形主要有一字眉形、上挑眉形、框架眉形、唐代眉形、20世纪30年代眉形和剑眉。

● 一字眉形

眉形特征：一字眉形又称平眉或韩式眉，眉头、眉峰、眉尾的走向呈平直状态。

适合脸形：适合长脸形。长脸形的人描画一字眉，在视觉上可以拉宽面部，调整脸形。而圆脸形和方脸形的人慎用此眉形，否则会让脸形显得更宽。

适用范围：一般用于韩式妆容造型中。

● 上挑眉形

眉形特征：上挑眉形又称高挑眉，眉头低于眉尾，且眉峰和眉尾向上扬，凸显干练的气质。

适合脸形：一般较适合圆脸形或者是方脸形。上挑眉形可从视觉上改变圆脸形和方脸形的宽度，调整脸的长度。长脸形者慎用此眉形，否则会让脸显得更长。

适用范围：适用于职业妆容或专业造型中。

● 框架眉形

眉形特征：眉毛没有虚实变化，整条眉毛像是被框起来的，给人一种生硬、不自然的感觉，但这种眉形往往会更显立体。

适合脸形：一般较适合五官立体感强的人。

适用范围：一般较少用于生活中，在浓妆或是创意造型中较常用。

● 唐代眉形

眉形特征：从眉头到眉峰和标准眉毛一样，而眉尾上扬。这种眉形给人一种妩媚的感觉，颇具女人味儿。

适合脸形：一般的脸形都适用。

适用范围：在生活中较少使用，多用于古装造型中。

● 20世纪30年代眉形

眉形特征：20世纪30年代眉形又称细眉，是20世纪30年代最具特点的眉形。这种眉形细且上挑，形状圆滑，没有明显的眉峰，给人一种端庄、古典之美感。

适合脸形：适合圆形脸或方形脸。

适用范围：一般较多用于古装或是20世纪30年代的造型中。

● 剑眉

眉形特征：眉峰最宽且棱角明显，呈刀状。这种眉形给人一种正义且英气的感觉，一般男士使用较多。

适合脸形：适合椭圆形脸。

适用范围：除了运用于男士生活妆之外，还适用于创意造型。

四、眉毛的修剪

在日常生活中，如果想展现自己的精气神，修眉很重要。眉毛往往能够凸显一个人的气质，因此在做皮肤护理时，不可忽视日常修眉的重要性。

修眉的方式主要有两种，一种是用修眉刀修眉，另一种是采用眉镊拔眉毛，也可以将两种方式结合使用。建议大家使用眉刀修眉，因为用眉镊拔眉会破坏皮肤毛囊，严重的还会引起毛囊炎，以致影响健康。

01 用眉梳将杂乱的眉毛顺着其生长的方向梳理整齐。

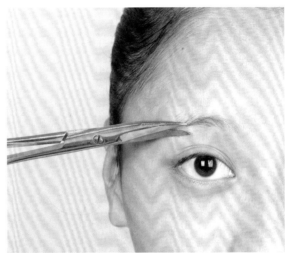

02 用眉剪将过长的眉毛修剪掉。修剪时需仔细，以免划伤皮肤。

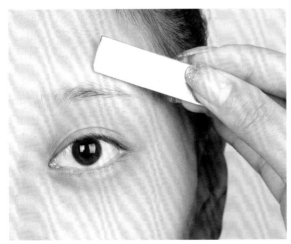

03 用修眉刀将多余的眉毛修掉。修理时，修眉刀需与面部呈45°角。

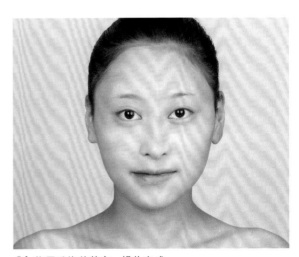

04 将眉毛修剪整齐，操作完成。

五、标准眉形的描绘技巧

标准眉形是指形状整齐、眉毛边缘干净、粗细变化有致、虚实变化适当的眉毛的形状。

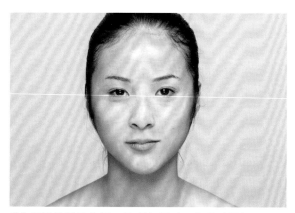

01 用眉剪辅助修眉刀修理好眉形。修理时需仔细，以免划伤皮肤。

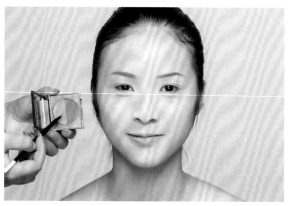

02 根据头发的颜色选择合适的眉粉。

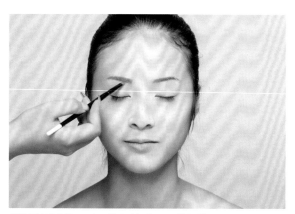

03 用眉刷蘸取适量的眉粉对眉毛进行描画，描画时注意眉毛的形状。

04 选择与眉粉同色系的眉笔，将眉底线描画得干净、清晰，将眉底线的颜色加深，以增强眉毛的立体感。

05 将眉毛描画完整，使两边的眉毛对称，操作完成。

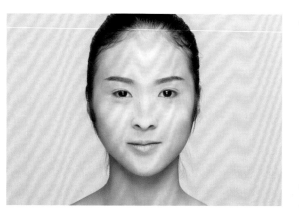

tips

在描绘标准眉形时，将眉粉与眉笔结合运用，使眉毛的颜色显得更加自然、柔和，且立体感强。眉粉一般用于描画眉头，而眉笔一般用于加深眉尾和眉底线。

六、不同脸形适合的眉形

　　亚洲人拥有标准脸形的很少。原本的脸形是难以更改的，但是我们可以通过对眉形的矫正来达到对脸形的修饰，所以了解不同脸形适合的眉形，对化妆造型师来说是必要的。

1. 椭圆形脸

　　脸形特征：椭圆形脸也称鹅蛋脸，是东方女性的理想脸形，脸部宽度适中，长度与宽度之比约为4：3。

　　适合眉形：此种脸形属于标准脸形，是化妆造型师最喜欢的脸形，其可塑性较强，适合任何眉形。

2. 圆形脸

　　脸形特征：脸部圆润，脸形宽度与长度几乎一致，面部棱角不分明，显得可爱、稚气，缺乏成熟感。

　　适合眉形：适合搭配挑眉，可以从视觉上拉长脸形。

3. 长形脸

　　脸形特征：脸的外轮廓偏长，额头与两侧颧骨处的宽度几乎一致，给人成熟、稳重的感觉。

　　适合眉形：适合搭配平眉或者标准眉形，可以从视觉上缩短脸的长度，不适合搭配挑眉。

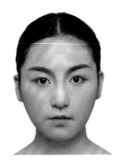

4. 方形脸

　　脸形特征：面部棱角分明，前额和下颌骨的棱角特别明显，额头和两侧颧骨处的宽度几乎一致，给人严肃、硬朗的感觉。

　　适合眉形：适合搭配带有弧度的挑眉或标准眉形，不适合线条硬朗的平眉、剑眉或刀眉。

5. 正三角形脸

　　脸形特征：正三角形脸也称由字形脸，其脸部轮廓上窄下宽，给人一种脸部下垂的感觉。

　　适合眉形：适合搭配平眉或长眉，可以从视觉上拉宽额头。

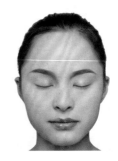

6. 倒三角形脸

　　脸形特征：倒三角形脸又称甲字形脸，其脸部轮廓上宽下窄，给人一种单薄、柔弱的感觉。

　　适合眉形：适合搭配稍带弧度的挑眉或标准眉形。

7. 菱形脸

　　脸形特征：菱形脸又称申字形脸，其额头窄，颧骨突出，下颌尖，给人一种不易接近的感觉。

　　适合眉形：适合搭配平眉或长眉，可以从视觉上拉宽额头。

七、不同眼形适合的眉形

在整体妆容上，五官各部分的刻画与协调非常重要。完美的眼形主要是通过不同眉形辅助才得以实现的，不同眉形搭配合适的眼妆能将眼睛具有的神韵发挥得淋漓尽致。

1. 双眼皮

眼形特征：双眼皮一般分为外双和内双两种，给人华丽、明亮、一本正经的感觉。

适合眉形：双眼皮的眼形一般来说还是较为标准的，基本搭配任何眉形都比较合适。

2. 单眼皮

眼形特征：眼睛小，给人一种谨慎、不大气的感觉。

适合眉形：不适合粗眉或平眉，一般比较适合搭配细挑眉。

3. 下垂眼

眼形特征：内眼角高、外眼角低，给人一种忧郁、柔弱、天真稚嫩的感觉。

适合眉形：适合搭配眉峰不明显而且圆滑的眉形，如柳叶眉或者平眉。

4. 上扬眼

眼形特征：内眼角低、外眼角高，给人一种高傲、严厉的感觉。

适合眉形：适合搭配微挑的平眉或柳叶眉。

5. 细长眼

眼形特征：眼睛细而长，给人一种迷离的感觉。

适合眉形：适合搭配柳叶眉，以突出柔美之感。

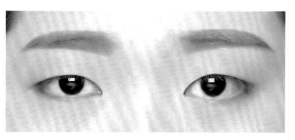

6. 圆眼

眼形特征：眼睛不太长，但较宽，给人一种可爱的感觉。

适合眉形：适合搭配平眉或挑眉，可以从视觉上拉长眼形。

八、眉妆的色彩搭配

眉妆对于一个妆面来说如同画龙点睛，眉形描画得合适与否会直接影响妆面的整体效果。眉妆的色彩搭配对妆容来说也是有极大影响的。

1.色彩的冷暖关系

色彩学上，根据人的心理感受，把颜色分为暖色调（红、橙、黄）、冷色调（青、蓝）和中性色调（紫、绿、黑、灰、白）。

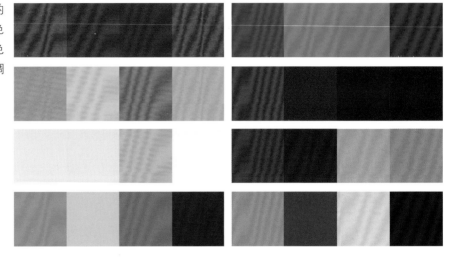

2.眉色的选择

灰色

灰色眉毛给人以自然的感觉。一般在选择眉笔时，应选择与原眉色相近的颜色。

棕色

棕色眉毛一般适合生活类妆容，或皮肤白皙的人。如果有些客人要求一定要画棕色眉毛，但其自身的眉色又偏深，可使用染眉膏对眉毛染色后再描画眉毛。

黑色

黑色眉毛日常使用较少，但在一些创意妆容或者浓妆中使用得较多。这种眉毛立体感相对较强，如果在日常妆容中使用，则会显得生硬、不自然。

其他颜色

其他颜色的眉毛一般只运用在创意妆容中，其主要起到让眉毛与整体造型相呼应的作用。

九、眉形矫正

人们的眉毛天然长成标准眉形的比较少。在化妆造型中，很多眉形都需要通过矫正才能达到理想的妆面效果。因此，化妆造型师需要掌握不同眉形矫正的技法。

1. 下垂眉

眉形分析：下垂眉又称八字眉或囧字眉，其眉尾下垂，给人一种滑稽的感觉，且易显老。

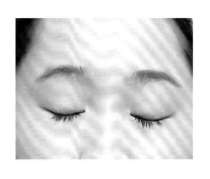

矫正方法

01 用眉剪将眉尾下垂的部分修剪掉。修剪时需仔细，避免划伤皮肤。

02 用眉笔将眉尾缺失的部分描画完整，然后顺着眉毛的生长方向画出基本眉形。

03 将另一边的眉毛描画完整，两边的眉毛要对称，操作完成。

2. 离心眉

眉形分析：两眉头之间的距离过远，显得面部扁平，缺少立体感，给人一种呆愣的感觉。

矫正离心眉时，适当地涂抹眼影也很重要。在内眼角处，可用深色眼影进行晕染，使眉头和眼头产生向前移的视觉效果。

矫正方法

01 用修眉刀将多余的眉毛修除，使眉毛干净、立体。修理时需仔细，以免划伤皮肤。

02 用眉笔勾画出干净、清晰的眉形。在处理眉头时，可以用眉刷蘸取适量的眉粉稍微往眉头前刷一点，以缩短两眉头之间的距离。

03 将另一边的眉毛描画完整，两边的眉毛要对称，操作完成。

3. 向心眉

眉形分析：两眉头之间的距离过近，五官显得紧凑而拥挤，给人一种总是皱眉的感觉，而且眉形也不够美观。

矫正方法

01 用修眉刀将两眉头之间多余的眉毛修掉，多留出一些空间。另外，可适当将眉峰的位置向后移。

02 用眉笔勾画出干净、清晰的眉形，用眉刷蘸取眉粉晕染眉头，使眉毛过渡自然、柔和。

03 将另一边的眉毛描画完整，两边的眉毛要对称，操作完成。

 tips

矫正向心眉时，适当地涂抹眼影也很重要，可将用重色眼影在眼尾处做层次晕染。

4. 高低眉

眉形分析：两边的眉毛高低不一致，让人感觉五官不协调。

 tips

高低眉最大的特点是左右的眉毛位置高低不一致。在修眉时需谨慎，不宜一次修整过多，应以少量多次的修整方式不断地调整，直至两边的眉毛高低一致，且保持眉形干净、自然。

矫正方法

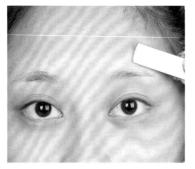

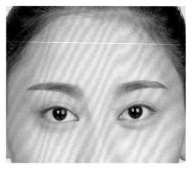

01 用修眉刀将低的眉毛的眉底线修掉，以提高眉底线；再将高的眉毛上方修掉，以调低眉毛的高度。

02 用眉笔将两边的眉毛填补整齐，使其保持对称。

03 将眉毛描画完整，使两边的眉形对称，操作完成。

十、不同风格眉形的设计

不同的造型需要搭配不同的眉形。只有了解了不同眉形的特点和画法，才能画出适合妆容的眉形。

1. 一字眉形

一字眉形又称平眉或韩式眉，眉头、眉峰、眉尾的走向平直，整条眉毛几乎呈一条直线。

01 用接近眉毛颜色的眉粉描画出想要的眉形。眉粉的色彩柔和，描画后容易修改。

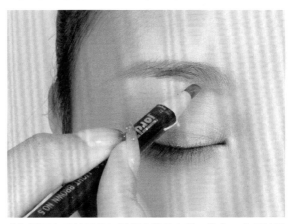

02 用同色系的眉笔加深眉底线的色彩。注意一字眉的眉头、眉峰到眉尾的走向要平直。

03 用眉刷将眉笔的线条揉抹得自然、均匀，直至无明显的线条。

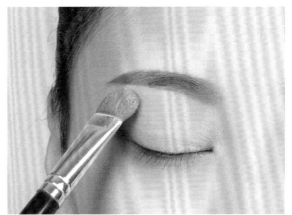

04 用高光白粉将眉弓骨处提亮，让眉毛更加立体。

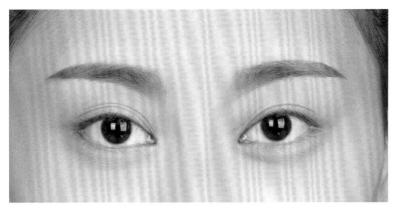

05 将另一边的眉毛描画完整，两边的眉毛要对称，操作完成。

tips

在描画眉毛时，注意眉笔与眉粉的结合运用，随时注意左右的眉形要对称。另外，确保用眉笔与眉粉描画时衔接柔和，且确保眉毛深浅有序，立体自然。

2. 上挑眉形

上挑眉形又称高挑眉，眉头低于眉尾，眉峰和眉尾向上扬。

01. 用接近眉毛颜色的眉粉描画出想要的眉形。

02. 用同色系的眉笔加深眉底线的颜色，仔细地填满眉毛的空缺位置。注意上挑眉的眉头需低于眉峰和眉尾，且眉峰较明显。

03. 用眉刷将眉笔的线条揉抹得均匀、自然，直至无明显的线条。注意眉头的晕染效果要自然，不可出现明显的笔触感。

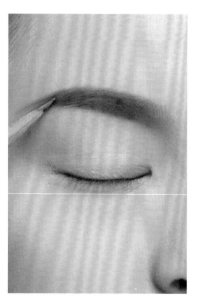

04. 用眉笔将眉尾描画得细腻、精致，注意两边眉毛的长度要一致。

05. 用高光白粉将眉弓骨处提亮，让眉毛更加立体。

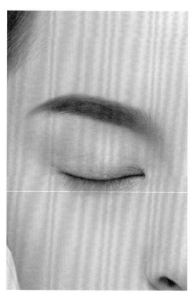

06. 将眉毛描画完整，两边的眉毛要对称，操作完成。

3. 框架眉形

框架眉形没有明显的虚实变化，且整条眉毛像是被框起来的，给人一种生硬、不自然的感觉，但这种眉形立体感很强。

 tips

描画框架眉形时，需注意眉毛边缘要光滑、清晰，眉头要自然，眉尾要干净、利落。需严格按照眉毛的生长方向进行描画，保持眉毛深浅有度，避免过于生硬。

01 用较深色的眉粉从眉头开始描画。眉粉的色彩柔和自然，描画后容易修改。

02 用眉刷蘸取适量眉粉，描画出想要的眉形。描画时要细心。

03 用黑色的眉笔将眉底线加深。

04 用眉笔将眉毛的线条描画流畅，注意眉毛边缘要清晰、光滑。

05 将眉毛描画完整，两边的眉毛要对称，操作完成。

4. 唐代眉形

唐代眉形从眉头到眉峰接近标准眉形，其眉尾向上扬，给人一种妩媚之感，充满了女人味儿。

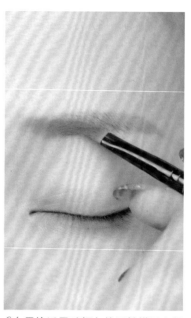

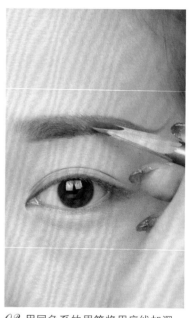

 tips

描画唐代眉形时，需要保持眉底线清晰、干净；眉头要自然柔和；眉尾的形状和高度需适度控制，不可太过夸张，要保证眉尾干净利落。描绘完成后，需仔细检查左右两边眉毛的形状是否对称，适当进行调整。

01 用接近眉毛颜色的眉粉描画出想要的眉形。

02 用同色系的眉笔将眉底线加深，仔细地填满眉毛的空缺位置，眉尾上扬。注意眉头和眉峰的形状需和标准眉形一致，且眉头略低于眉尾。

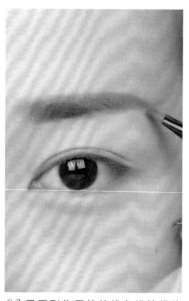

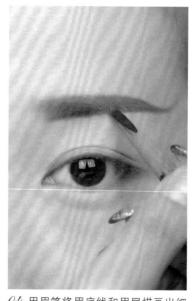

03 用眉刷将眉笔的线条揉抹得均匀、自然，直至无明显的线条。注意眉头的晕染效果要自然，不可出现明显的笔触感。

04 用眉笔将眉底线和眉尾描画出细腻精致的效果，注意眉毛边缘需清晰、光滑。

05 将眉毛描画完整，两边的眉毛要对称，操作完成。

5. 20世纪30年代眉形

　　20世纪30年代眉形又称细眉，是20世纪30年代最具特点的眉形，其眉毛高挑，弧线圆滑，没有明显的眉峰，体现出一种端庄、古典之美。

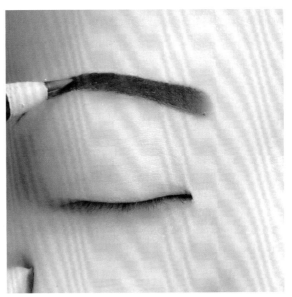

01 用眉刷蘸取深色眉粉，仔细地描画出想要的眉形。

02 用黑色的眉笔加深眉形。注意，20世纪30年代眉形的特点是眉毛细柔而高挑，且弧线圆滑。

tips

　　20世纪30年代眉形稍显细长，在描绘时切忌将眉毛描画得过粗、过硬。

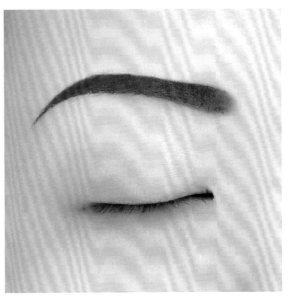

03 用黑色眉笔将眉头晕染自然。

04 将眉毛描画完整，两边的眉毛要对称，操作完成。

6. 创意眉形

创意眉形呈现出与常规眉毛不同的形态。它源于标准眉形，是演变后的眉形。

01 用黑色的眉笔仔细描画出想要的眉形。

02 用黑色的眉笔仔细描画并填补眉毛的空缺位置。

03 用眉刷蘸取少量眉粉，晕染眉头，要确保晕染效果柔和、自然。

04 描画好基本眉形后，用红色的眉笔描画眉底线，描画时线条要清晰、流畅。

05 用遮瑕刷将眉底线修饰整齐，确保眉底线清晰、完整。

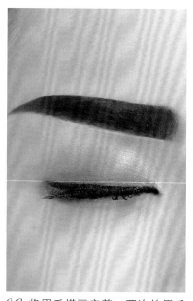

06 将眉毛描画完整，两边的眉毛要对称，操作完成。

05

五大化妆核心之眼妆

眼睛是心灵的窗户，对于面部五官的化妆来说，眼部妆效的重要性不言而喻。眼部化妆的难度系数较大，因此想要给眼形不同的客人画出完美的眼妆，要求化妆造型师具备更高的技术。眼妆的技法多种多样，可以使眼睛更具神韵。

一、眼妆的作用

眼妆是妆容整体中最容易出彩的部分，也是最难打造的化妆部分。合适的眼妆能让眼睛更有神采，使整个妆容看起来极具立体感。因此，眼妆是整体妆容的核心之一，也是决定妆容成败的关键所在。

眼妆具有以下三大作用：一是具有矫正眼形的作用，通过眼影、眼线、睫毛等对眼睛的修饰，矫正眼部的轮廓及形状；二是具有美化的作用，能让眼妆达到理想的效果；三是具有呼应和突出整个妆面主题的作用，极致的眼妆可以让整体造型显得更加完美。

二、眼睛素描基础

素描是艺术院校的必修课，也是一切造型艺术的基础。素描与化妆造型有着异曲同工之处，化妆造型师具有素描功底会对化妆造型的帮助非常大。

1.素描化妆法

绘画化妆法是化妆中最基本、最常用的表现手法。它是利用素描绘画的方式和原理，如明暗层次、线条造型、色彩变化等，使模特的脸上表现出立体感，调整五官比例、改变肤色、塑造形象，完成化妆设计，最终达到造型要求的一种化妆手法。

● 明暗层次

明暗层次的处理在绘画化妆手法中是相当重要的。在化妆造型中，一般将深色用在需要凹陷的部位，亮色用在需要凸出的部位，过渡色则用于衔接明暗的部分。明暗层次的处理方法一般用在矫形化妆中，可以收缩脸部轮廓，强调脸部的立体感，或者在老年妆中刻画皱纹等。以上都是运用彩妆产品做出调整，使面部产生明暗变化，最终达到理想的妆容效果。

● 线条造型

素描造型的第一要素是线条，线条有粗细、长短、曲直、深浅等变化。化妆师在化妆过程中，利用线条的长短、粗细及弧度，来塑造和矫正脸形及五官。在画眼线、唇线及眉毛时，都离不开线条。将年轻人塑造成老人时，根据老年人的特点，用结构线条以绘画的形式确定新的结构，塑造成新的造型。线条的粗细、长短、弧度、浓淡等都会造成错视效果，从而改变人物脸形与五官的特点，塑造出所需要的造型角色。

● 色彩变化

化妆造型利用素描中的黑白灰变化，可以塑造立体的五官，这与素描中的阴影变化是一样的道理。例如，在视觉效果上，深色具有收缩性，浅色显得膨胀等。

2. 眼睛的结构和形状

在素描中，素描人像最能检验绘画者的绘画功底，尤其是对眼部的绘制。对人像眼睛的形状、结构、比例、神韵等的表现都能够直接显示出绘画者的绘画水平，这要求我们必须具备细致入微的观察能力。

● 眼睛的结构

眼睛从外观上主要由上眼睑、下眼睑、瞳孔、虹膜、白膜等部分组成。眼球略呈球体，黑眼球部分位于眼球的前方；眼眶则略呈方形，上下眼眶交接处内陷；眼皮位于眼球的外部，起到保护眼球的作用；眼缝位于眼球的中下部分，在眼睛闭合时呈线形。

● 眼睛的形状

从不同角度看，眼睛呈现不同的形状。在正视的情况下，眼睛近似于平行四边形，内眼角略低、外眼角略高；在侧视情况下，眼睛外部形状呈三角形，而在这种情况下，他人只能看见外眼角。

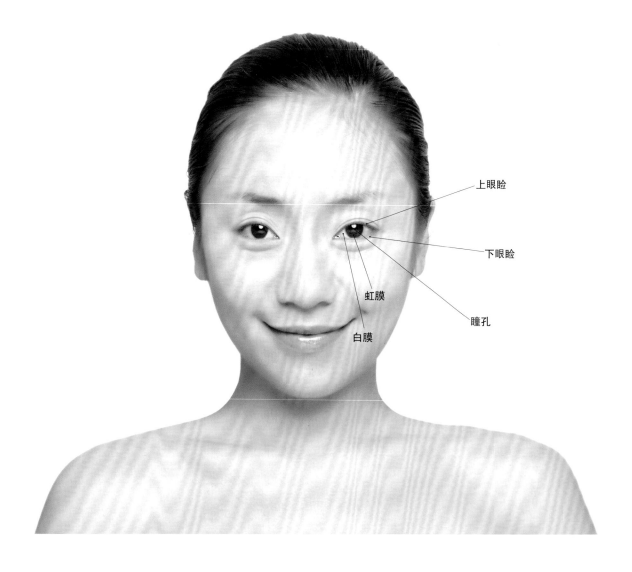

上眼睑

下眼睑

虹膜

瞳孔

白膜

三、标准眼形的打造

眼睛是心灵的窗户，眼妆是面部妆容的重点。明亮而有神采的眼睛可以使整个面部妆容亮起来，因此掌握打造标准眼形的技能十分重要。

1.标准眼形的基本特征

特征1：图中的1为内眼角，4为外眼角，内眼角略低于外眼角。

特征2：图中的2位于下眼睑内眼角至外眼角的2/3处，为眼睑的最低点。

特征3：图中的3位于上眼睑与眼球垂直平分线的交点，为眼睑的最高点。

2.标准眼形的打造步骤

01 用眼影刷蘸取浅棕色眼影，在眼部区域均匀涂抹。

02 用眼影刷蘸取蓝色眼影，对眼睑进行强调和提色，让眼部更有神采。

03 用眼线液笔沿着睫毛的根部描画眼线。描画时需仔细，确保眼线自然流畅，同时注意填满睫毛根部之间的空隙。

04 选用适合眼形的假睫毛，在假睫毛的根部涂上胶水，将其粘贴在眼部。粘贴时确保真假睫毛自然地衔接在一起。用睫毛夹夹翘睫毛。

05 将适合眼形的美目贴粘贴在上眼睑的褶皱线处，矫正眼形并放大双眼。

06 用眼影刷蘸取浅棕色眼影，对美目贴进行适当遮盖。然后紧闭双眼后再睁开，检查眼妆是否干净、完整，操作完成。

四、眼妆的色彩搭配

色彩是多种多样的，化妆色彩也是如此。巧妙地将眼妆与色彩进行搭配是完成一个完美妆容的重要因素。

1. 日妆眼影色及妆面效果

日妆眼影色一般要求柔和自然，搭配简洁。例如，浅蓝色与白色搭配，可以使眼睛显得清澈透亮；浅棕色与白色搭配，可以使妆面显得冷静、朴素；浅灰色与白色搭配，妆面给人以理智、严肃的印象；粉红色与白色搭配，可以使人充满青春活力。

2. 浓妆眼影色及妆面效果

浓妆眼影色对比强烈、夸张，色彩艳丽、跳跃，搭配效果醒目，且面部的立体感强。例如，紫色与白色搭配，妆效冷艳，凸显神秘感；蓝色与白色搭配，妆效高雅、亮丽；橙色与黄色搭配，能体现女性的妩媚；橙色与白色搭配，能显示女性的温柔；绿色与黄色搭配，给人以青春、浪漫的印象。

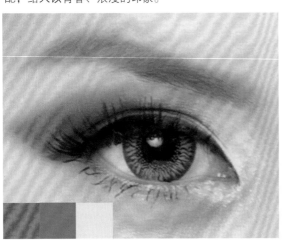

3. 同类色和邻近色的使用

深棕色与浅棕色就属于同类色。邻近色则是指色相环中距离接近的色彩，如绿色与黄色、黄色与橙色等。运用同类色和邻近色的搭配，可以使妆面柔和、淡雅，但也容易产生平淡、模糊的妆面效果。

4.对比色和互补色的使用

对比色是指三原色中的两种原色之间的对比。互补色有绿色与红色、黄色与紫色、蓝色与橙色等。对比色和互补色对比都属于强对比，效果强烈，引人注目，适用于浓妆及气氛热烈的场合。

五、眼妆处理技巧

女人拥有一双又大又亮的迷人双眸，总是会让男人怦然心动，然而并不是所有女人都拥有完美而迷人的双眸。化妆造型师可以为女人打造出完美的眼妆，从而使女人散发出迷人的魅力。

1.睫毛的处理

● 睫毛的作用

睫毛是生长于睑弦且排列整齐的毛发，其具有阻挡异物、保护眼球的作用。细长、弯曲、乌黑的睫毛对眼睛及整个妆容都具有重要的修饰作用。假睫毛是一种美容用品，有美化眼部的作用，可使眼睛深邃有神。

● 睫毛的涂刷技巧

01 让模特向下看。

02 使睫毛夹轻贴在睫毛根部，接着分三步完成操作：先夹取睫毛的根部，再夹取睫毛的中部，最后夹取睫毛的尾部。（亚洲人眼部结构偏平，但是睫毛夹的弧度一般稍大，所以需要分段来夹翘睫毛。）

03 继续保持模特的视线朝下。

04 用蘸取睫毛膏的睫毛刷由下往上轻轻地涂抹睫毛，涂抹时需仔细。

05 涂抹内眼角的睫毛或者下睫毛时，采用Z字形的方式涂刷，或者把睫毛刷竖起来，使其与眼部垂直，仔细地涂刷每根睫毛。

tips

选择睫毛膏时，单眼皮和短睫毛选择卷翘且加长型睫毛膏，长而稀疏的睫毛选择具有加密效果的睫毛膏。

涂抹睫毛膏时，刷头上的膏体不宜太多。另外，蘸取睫毛膏时，应采用旋转式的方法取出刷头，随时拧紧睫毛膏的盖子，以防睫毛膏的膏体变干。

● 假睫毛的粘贴技巧

正确粘贴假睫毛能够美化眼部轮廓，使双眼更有神采，而且能够让整体造型更加出彩。

■ 假睫毛的类型

仿真型：假睫毛中最常见的型号是217，与真睫毛较为接近，常用于打造生活类的淡雅妆容。

单束型：需要一束束地粘贴于眼部，其效果非常自然，常粘贴于眼尾处。

浓密型：睫毛长且浓密，没有空隙，一般用于摄影类（如婚纱照、个性写真、艺术照等）妆容。

创意型：这类睫毛的样式繁多，材质丰富，色彩鲜艳，多用于创意类妆容。

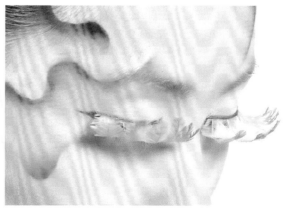

■ 假睫毛的粘贴方法

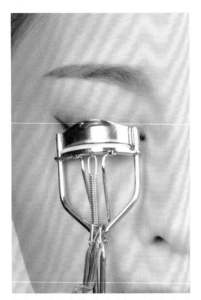

01 用睫毛夹将睫毛夹翘，先夹睫毛的根部，再夹睫毛的中部，最后夹睫毛尾部。夹睫毛时需小心，避免用力过猛而伤到眼部。

02 适当修剪假睫毛。从假睫毛内侧开始修剪，修剪到与眼睛的长度一致。

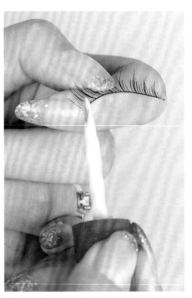

03 在假睫毛根部涂上睫毛胶，注意涂抹量要适中，不宜一次性涂抹太多，待其呈半干状态后再粘贴，这样做出的效果最好。

04 用镊子或者手夹取假睫毛，从内眼角紧贴着睫毛的根部开始粘贴，粘贴时需仔细。

05 用蘸取睫毛膏的睫毛刷涂刷真假睫毛，让真假睫毛自然衔接。

06 确保眼部干净，且左右眼妆对称，操作完成。

tips

在涂睫毛膏时，如果不小心涂抹到脸部，不必惊慌，只需待睫毛膏干时，用棉棒轻轻擦掉即可。

2. 眼线的描画

描画眼线在打造妆容中极其重要。画眼线不仅可以矫正眼形，使眼部具有神采，增加眼睛的亮度，还可以塑造合适的眼睛轮廓，使双眸更添神韵。

● 眼线的种类

眼线有各种各样的形状，一般化妆造型师都会根据不同的眼形来调整眼线的形状，以达到修饰和美化眼形的作用。画眼线的标准是内眼角细、中间粗、眼尾细。常用的眼线种类主要有以下4种。

自然眼线

自然眼线又称内眼线。在描画自然眼线的时候，需要紧贴睫毛根部描画，下眼线可以画也可以不画，一般不画会更自然。

标准眼线

在描画标准眼线的上眼线时，从内眼角开始描画至外眼角。内眼角的线条描画得细一些，眼尾的眼线可以稍微粗一些，眼尾的眼线在内眼角到外眼角的2/3处可以稍微上扬。描画下眼线时，一般只描画下眼睑后1/3处即可，由外至内颜色由深变浅，形状由宽变细。

复古眼线

在描画复古眼线时，一定要注意线条的流畅度，眼尾的眼线可适当拉长并上扬，以表现出女性的复古、妩媚。

上下式眼线

上下式眼线是指将上下眼睑边缘描画完整，突出妆面或眼妆的设计感，使妆效清晰。

● 眼线的描画要点

第1点：眼部的底妆一定要均匀自然，定妆后要保证妆效持久，避免眼部有出油的情况，否则眼线容易晕妆。

第2点：如果使用的是眼线笔，一定要把笔芯削得干净、圆润；如果使用的是眼线膏，则一定要使眼线刷保持干净。

第3点：注意睫毛根部不能留白，需要仔细描画眼线，将空白处填满。

第4点：眼线颜色的饱和度要合适，不能出现眼线泛灰的情况。

第5点：一般选择黑色、棕色的眼线，而其他颜色，如红色、金色等的使用较少。

● 眼线的基本画法

01 选择合适的眼线产品（眼线笔、眼线膏、眼线液、水溶性眼线粉等），从内眼角到外眼角采取分段的形式进行反复描画。

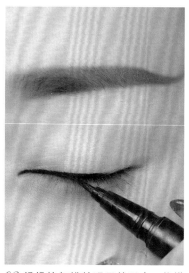

02 轻轻抬起模特眼尾的眼皮，将描画的眼线拉长，确保线条干净、流畅。

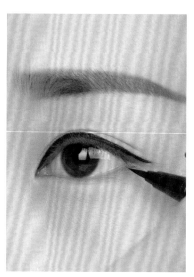

03 轻轻抬起模特的眼皮，将睫毛根部的空白处全部填满。

04 描画下眼线，从外眼角开始描画，颜色由深变浅，形状由粗变细。

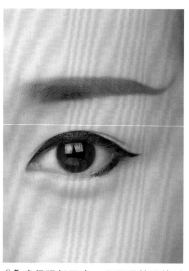

05 确保眼部干净，且两眼的眼线对称，操作完成。

画眼线时，要确保线条自然、流畅、清晰。外眼角的上下眼线衔接处要保持自然，切忌画得太粗、太死板。

● 不同眼形的眼线画法

■ 双眼皮

特征：双眼皮一般分为外双和内双两种，给人一种华丽、明亮，且一本正经的感觉。

眼线画法：从内眼角向外眼角描画眼线，线条变化为细、粗、细，在上眼睑后1/3处使眼线轻轻往上扬。

画眼线时，需沿着眼睑根部进行仔细描画，确保线条流畅、自然。同时，注意将内眼睑的空隙处填满，避免留白。

■ 单眼皮

特征：眼睛小，给人一种谨慎、不大气的感觉。

眼线画法：从内眼角向外眼角由细到粗地描画眼线，到眼尾处适当加粗后变细上扬。

■ 下垂眼

特征：内眼角高，外眼角低，给人一种忧郁、柔弱、天真、稚嫩的感觉。

眼线画法：根据外眼角的下垂情况，适当提高外眼角上扬的高度，可在上眼睑后1/3往前一点的位置往上扬。

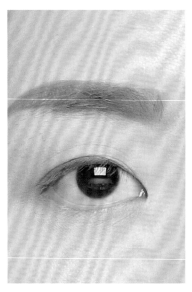  

tips

下垂眼的描画位置主要在眼尾处。描画时要保持线条流畅、自然，适当加粗眼尾，并在眼尾处上扬。

■ 上扬眼

特征：内眼角低，外眼角高，给人一种高傲、严厉的感觉。

眼线画法：从内眼角到外眼角的眼线由粗到细，在上眼睑后1/3处适当将眼尾往下压。

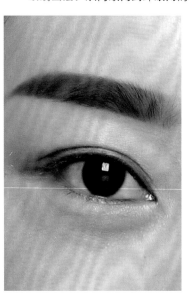  

tips

上扬眼的描画位置主要在眼头处。描画时同样要保持线条流畅、自然，描画的眼线要细，在眼头位置适当提高并加粗，然后将空隙处填满，避免留白。

■ 细长眼

特征：眼睛细而长，给人一种没有神采的感觉。

眼线画法：上下眼线的中部位置可适当加粗，但切记不可延长眼线。

■ 圆眼

特征：眼睛不太长，但较宽，给人一种可爱的感觉。

眼线画法：上眼线从内眼角到外眼角由细到粗地描画，眼线尽量画得平直，可适当拉长眼线。

■ 画眼线常见的问题

问题1：眼线描画得不够流畅，或画成了波浪线。

问题2：错用白色眼线笔。白色的眼线笔一般用于描画内眼角的眼头，或用于提亮眼部。

问题3：眼尾上扬的程度不合适。例如，眼尾下垂时，随着自身的眼尾来描画眼线。

出现以上问题时，可用棉棒蘸取卸妆产品，擦掉需要修改的地方，然后打底、定妆，再重新描画眼线。

3. 用美目贴矫正眼形

● 美目贴的作用

化妆造型中，美目贴主要有三大作用：一是调整眼睛的大小，二是矫正下垂眼，三是美化眼形。

● 美目贴的种类

■ 按形态分类

较宽类：呈半圆形。

较窄类：呈月牙形。

成卷类：需要自己修剪出想要的形状。

■ 按色彩分类

透明类：适合任何肤色的人。

黄色类：适合肤色偏黄的人。

■ 按质地分类

纸质类：效果自然，不反光。

胶布类：支撑效果好，但是不易着色，痕迹较重。

纱网类：隐形效果佳，效果自然，支撑效果一般。

● 美目贴的修剪

需根据眼形来修剪美目贴，修剪时要仔细，避免划伤手指。

01 将美目贴的一端贴于左手的食指上，用右手握着剪刀。

02 将剪刀贴近美目贴。

03 用剪刀将美目贴修剪出基本形状。

04 将美目贴贴于指甲盖上，以避免破坏其黏性。

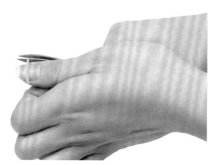

05 修剪美目贴的两端，使美目贴的两端圆滑、自然。

● 不同眼形美目贴的使用方法

■ 双眼皮

美目贴的使用：修剪出合适形状的美目贴，将其粘贴在双眼皮褶皱线上。

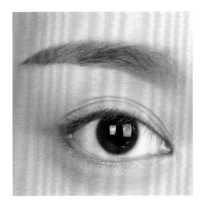  

■ 单眼皮

美目贴的使用：修剪出合适形状的美目贴，将其贴着睫毛根部进行粘贴。

■ 下垂眼

美目贴的使用：修剪出合适形状的美目贴，将其顺着外眼角下垂的地方进行粘贴。

■ **上扬眼**

　　美目贴的使用：修剪出合适形状的美目贴，将其紧贴着靠近内眼角处的双眼皮褶皱线进行粘贴，粘贴时应注意将内眼角的外围弧度拉大。

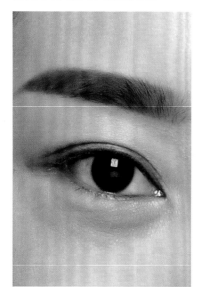

■ **细长眼**

　　美目贴的使用：修剪出合适形状的美目贴，将其粘贴在双眼皮褶皱线的中间。

tips

　　粘贴美目贴时，可采用多层粘贴的方式对眼形进行修饰与调整。切忌将美目贴粘得过厚，否则会加重眼皮的负担，最终的效果也不好。

4. 眼影技法

运用不同的技法描画眼影，以矫正眼形，让眼形更标准。常用的眼影技法有9种，每种眼影技法都有不同的修饰作用。

● 平涂法

平涂法又称平铺法，是最基础的眼影技法。它是指用单色眼影从内眼角向外眼角呈全包式逐层晕染眼睛的周围，使眼影上色均匀且有层次。

01 用眼影刷蘸取白色眼影，在需要画眼影的区域进行涂抹，完成打底。这样有助于控制眼影的范围。

02 用眼影刷蘸取桃红色眼影，根据白色眼影的范围从睫毛根部向上、从内眼角向外眼角逐层晕染。

03 蘸取少量白色珠光眼影，在眉弓骨位置适当提亮，同时将眼睑上的桃红色眼影继续向上晕染，使其边线弱化直至消失，打造出有形无边的自然效果。

04 在睫毛根部再次涂抹眼影，提高睫毛根部眼影颜色的饱和度。

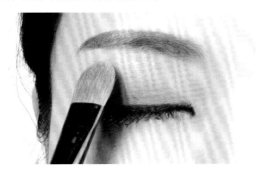

05 用干净的眼影刷蘸取白色的高光粉，对眉弓骨位置和眼头处进行提亮，弱化晕染边缘线，让整个眼影自然、柔和。

06 确保眼妆干净完整，操作完成。

用平涂法打造眼影时，眼影的形状及其边缘的干净度非常重要。

● 渐层法

　　渐层法又称上下晕染，是指从睫毛根部至眉弓骨处进行由深入浅的渐变的眼影描画。双眼皮内侧涂刷深色的眼影，眼皮沟至眼窝处涂刷中间色或同色系稍浅颜色的眼影，以打造出眼部由深至浅的过渡效果；在眉弓骨的下方刷浅色的眼影。用渐层法画出来的眼影层次过渡明显，能够淡化眼部的浮肿感，拉宽眉眼的间距。

01 用眼影刷蘸取白色眼影，在需要画眼影的区域进行涂抹，完成打底。这样有助于控制眼影的范围。

02 选择桃红色眼影，依照白色眼影的范围从睫毛根部向上、从内眼角向外眼角逐层晕染。

03 在睫毛根部涂抹黑色眼影，逐层晕染，使眼睛更漂亮。

04 将黑色眼影晕染至双眼皮的褶皱处，注意过渡要自然。

05 确保眼妆干净完整，操作完成。

用渐层法涂抹眼影的重点在于颜色之间的过渡，切记不能有明显的界线。

● 段式法

段式法又称左右晕染法，是指模特平视前方时，内眼角到瞳孔内侧的眼睑是浅色的，外眼角到瞳孔外侧的眼睑是深色的，中间均匀过渡。

01 用眼影刷蘸取白色眼影，在需要画眼影的区域进行涂抹，完成打底。这样有助于控制眼影的范围。

02 用眼影刷蘸取明黄色眼影，从内眼角开始涂抹。

03 运用渐层法将明黄色眼影涂抹至眼睛的1/2处。

04 用眼影刷蘸取嫩绿色眼影，运用渐层法由外眼角开始沿着睫毛根部仔细描画。

05 将绿色眼影晕染到眼睛的中间位置，使之与明黄色眼影自然衔接。

06 确保眼妆干净完整，操作完成。

用段式法涂抹眼影的重点在于颜色之间的衔接，衔接处一般在模特平视前方时虹膜的左侧或右侧，避免在正中间，以免使眼睛看起来是凸出的。

● 烟熏妆

　　烟熏妆又称熊猫妆，属于眼影技法的一种。烟熏妆突破了眼线和眼影泾渭分明的原则，在眼窝处漫成一片。由于看不到色彩间相接的痕迹，如同烟雾弥漫，且又常以黑灰色为主色调，所以被称为烟熏妆。

01 用眼影刷蘸取白色眼影，在需要画眼影的区域进行涂抹，完成打底。这样有助于控制眼影的范围。

02 用眼影刷蘸取金咖色眼影，以渐层法涂满整个眼窝。

03 用眼影刷蘸取浅黑色眼影，沿着上眼睑根部以画眼线的方式进行描画，然后向上晕染，让浅黑色眼影与金咖色眼影自然地融合。注意，将浅黑色眼影的范围控制在上双眼皮褶皱处的上方。

04 用黑色眼影加深睫毛根部的颜色。

05 确保眼妆干净完整，操作完成。

tips

　　烟熏妆的打造重点在于对黑色眼影的把控。要让黑色眼影与其他颜色的眼影自然地融合在一起，晕染出层次感。

● 小倒钩法

小倒钩法又称结构画法，是一种突出眼部立体感的晕染方法。这种方法的修饰性强，常用于表演、化妆比赛及特别强调眼部风采的化妆。

01 用眼影刷蘸取白色眼影，在需要画眼影的区域进行涂抹，完成打底。这样有助于控制眼影的范围。

02 用眼影刷蘸取金咖色眼影，将其涂抹于整个眼窝。

03 用眼影刷蘸取黑色眼影，在上眼睑的睫毛根部由内眼角晕染至外眼角。

04 用眼影刷蘸取黑色眼影，从眼尾处向内眼角晕染。

05 将黑色眼影由深至浅地晕染1/3上眼睑。

06 确保眼妆干净完整，操作完成。

tips

用小倒钩法涂抹眼影的重点在于对眼睛结构的掌握。一般都是按照眉弓骨及眼球的弧度和走向描画眼影。

● 前移法

前移法是指将眼影向前移。这种眼影技法可以调整两眼之间的距离，适合两眼间距过宽的人，但不适合两眼间距较窄的人。

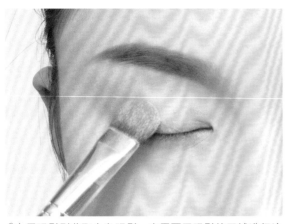

01 用眼影刷蘸取白色眼影，在需要画眼影的区域进行涂抹，完成打底。这样有助于控制眼影的范围。

02 用眼影刷蘸取浅棕色眼影，涂抹眼头区域。

03 将棕色眼影均匀地晕染到上眼睑的中部。

04 选择小号眼影刷，蘸取黑色眼影，加深眼头区域的颜色。晕染时过渡要自然。

05 确保眼妆干净完整，操作完成。

● 后移法

后移法是指将眼影的重色放在眼尾处，适用于两眼间距较窄的人。这种眼影技法有拉开两眼间距的作用，不适合两眼间距过宽的人。

01 用眼影刷蘸取白色眼影，在需要画眼影的区域进行涂抹，完成打底。这样有助于控制眼影的范围。

02 用眼影刷蘸取浅粉色眼影，从内眼角开始涂抹。

03 将浅粉色眼影均匀地涂抹至上眼睑中部。

04 选择玫红色眼影，在睫毛根部均匀地从眼头涂抹至眼尾。

05 用眼影刷蘸取玫红色眼影，将眼尾的颜色加深，晕染效果要自然。

06 确保眼妆干净完整，操作完成。

● 欧式法

　　欧洲人的面部结构立体、凹凸明显，而亚洲人的面部结构扁平，很多亚洲女性为自己的扁平脸感到十分苦恼。欧式法利用绘画原理，模仿欧洲人的眼部结构，将亚洲女性的妆面塑造得更立体，从视觉上起到收缩脸形的作用。

01 用眼影刷蘸取白色眼影，在需要画眼影的区域进行涂抹，完成打底。这样有助于控制眼影的范围。

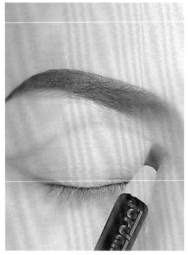

02 用棕色眉笔勾勒出眼影的大致结构线，眼影结构线要沿着眼眶上缘的走向进行勾画，注意保持线条流畅。

03 用眼影刷蘸取黑色眼影，沿着眼影结构线晕染眼影，从眼尾晕染至上眼睑的后1/3位置即可。

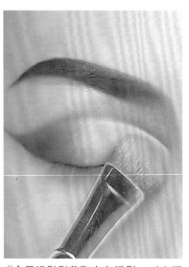

04 用眼影刷蘸取白色眼影，对上眼睑的前2/3部分进行提亮。

05 加深结构线，画出眼线，确保眼妆干净完整，操作完成。

● 假双技法

假双技法就是在眼睑上画出一个假的双眼皮褶皱线，再进行晕染处理，以达到使眼睛具有神采的效果。

01 用眼影刷蘸取白色眼影，在需要画眼影的区域进行涂抹，完成打底。这样有助于控制眼影的范围。

02 用眼影刷蘸取浅棕色眼影，描画出眼影结构线，即假的双眼皮褶皱线。注意，线条的位置位于上眼眶边缘。描画时要保持线条流畅。

03 用眼影刷蘸取棕色眼影，将结构线晕染开。

04 用眼影刷蘸取黑色眼影，加深结构线并突出眼部的立体感。

05 画出眼线，确保眼妆干净完整，操作完成。

六、美瞳

合适的美瞳会在妆容造型中起到画龙点睛的作用。

1. 美瞳的作用

顾名思义，美瞳有美化眼睛的作用。美瞳是隐形眼镜的一种，它是有颜色的，且种类繁多。它除了有矫正视力的功能外，在美容方面的作用主要体现在增光、增大、增黑及改变眼睛的颜色等。在临床上，美瞳一般用于遮盖角膜白斑，在虹膜缺损时发挥人工瞳孔的作用。

美瞳的修饰作用主要有3点：一是可以修饰不美观的眼形，让眼睛更加美观；二是在做特定妆效时，可以表现妆容的特殊效果；三是可以提高妆容的协调性，使眼妆更符合整体造型风格。

2. 美瞳的种类

美瞳按使用周期可分为年抛、月抛、日抛等。

年抛隐形眼镜：一年抛弃型眼镜，材质是最好的，成型性好，性价比较高。但长时间佩戴会有蛋白质沉淀，建议根据护理情况使用8~10个月后抛弃。

月抛隐形眼镜：一个月内抛弃，需要使用护理用品，价格适中。

日抛隐形眼镜：用完即抛弃，不需要使用护理用品。它使用方便，但是价格相对较贵，镜片过软，成型性差。

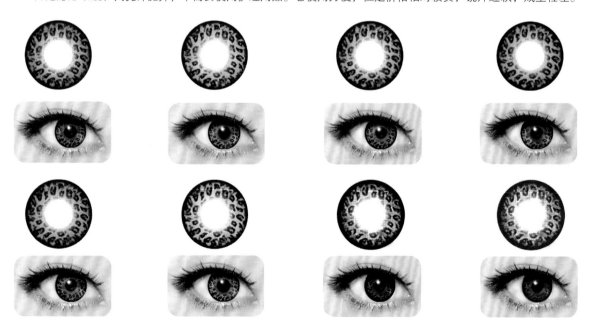

3. 佩戴美瞳的注意事项

第1点：佩戴前需要请医生检查是否适合佩戴美瞳。

第2点：佩戴美瞳前，先用肥皂水或清水将双手清洗干净，然后用清洁液清洗美瞳，保证其洁净。

第3点：每次佩戴的时间不宜超过10个小时。

第4点：切记不能戴着美瞳过夜。

七、眼形矫正

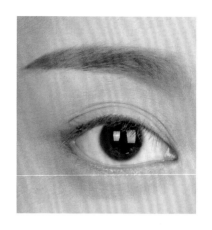

拥有一双漂亮的眼睛是很多人梦寐以求的。眼妆是整个妆容中最耗时的。眼形的矫正与修饰是化妆的重头戏，也是化妆造型师必备的一项技能。

1. 双眼皮

眼形特征：双眼皮一般分为外双和内双两种，它给人一种华丽、明亮且一本正经的感觉。

矫正方法

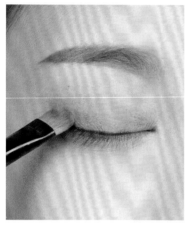

01 画眼影时，如果双眼皮不浮肿，则可以使用任何颜色的眼影及不同的眼影技法。这里用眼影刷蘸取粉红色眼影，将其涂抹于上眼睑处。

02 用眼线刷蘸取适量的眼线膏，从内眼角开始描画眼线，直至外眼角处。描画时，内眼角处较细，眼睑中部较粗，外眼角处较细，然后从上眼睑后1/3位置轻轻往上扬。

03 选择合适长度的假睫毛，在假睫毛的根部涂满睫毛胶，然后紧贴睫毛的根部进行粘贴，粘贴时注意真假睫毛需自然衔接。

04 修剪出合适形状的美目贴，粘贴在双眼皮的褶皱线上，粘贴后检查眼睛的形状。

05 用眼影刷蘸取粉色眼影，遮盖美目贴。在美目贴上涂眼影时，切记不能反复涂刷，可以采用按压的方式来完成。

06 确保眼妆干净完整，操作完成。

2. 单眼皮

眼形特征：眼睛小，给人一种谨慎、不大气的感觉。

在画眼影时，切忌使用过亮的眼影涂抹眼部，否则会使眼睑显得浮肿，影响美观。

矫正方法

01 画眼线时，从内眼角开始，直至外眼角，线条由细到粗。在眼尾处适当加粗的原因是单眼皮的睫毛根部一般都会被上眼睑遮住，当模特的眼睛睁开时，眼线不易露出来。

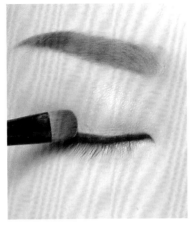

02 用眼影刷蘸取棕色、黑色等深色的眼影，对上眼睑进行涂抹。注意越靠近睫毛根部颜色越深。

03 选择合适形状的假睫毛，在假睫毛的根部涂满睫毛胶，然后紧贴睫毛的根部进行粘贴。粘贴时注意真假睫毛需自然衔接。

04 修剪出合适形状的美目贴，将其贴着睫毛的根部进行粘贴。如果一层美目贴的支撑力不够，可粘贴多层。

05 用眼影遮住美目贴，确保眼妆干净完整，操作完成。

粘贴好假睫毛后，如果想要使睫毛显得更加浓密自然，可再次使用睫毛膏呈Z字形涂刷睫毛，使真假睫毛融合在一起，确保根根分明。

3.下垂眼

眼形特征：内眼角高、外眼角低，给人一种忧郁、柔弱、天真稚嫩的感觉。

矫正方法

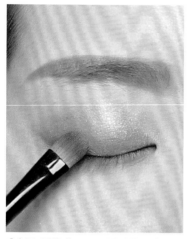

01 画眼影时，用眼影刷蘸取浅色眼影，重点在外眼角的上方进行晕染，而内眼角晕染的面积不宜过大。

02 画眼线时，根据外眼角的下垂情况，适当地提高在外眼角处向上扬的角度，可在内眼角至外眼角2/3处往前一点的位置开始上扬。

03 粘贴假睫毛，可随着眼线的走势在眼尾处适当提拉假睫毛。

04 粘贴美目贴。先修剪出合适形状的美目贴，然后顺着外眼角下垂的地方进行粘贴。

05 用眼影遮住美目贴，确保眼妆干净完整，操作完成。

粘贴美目贴后，可用眼影刷蘸取合适的眼影，以按压的方式涂抹于眼睑位置，遮盖住美目贴的痕迹，让眼妆更显自然，切忌直接涂刷。

4. 上扬眼

眼形特征：内眼角低、外眼角高，给人一种高傲、严厉的感觉。

矫正方法

01 画眼影时，用眼影刷蘸取暖色调眼影，将其涂抹于上眼睑处。在外眼角处可以使用颜色稍深的眼影，以增加上眼睑外眼角的下垂感。

02 在下眼睑的外眼角处描画适当颜色的眼影，增加外眼角的下垂感。

03 画眼线时，从内眼角开始描画，直至外眼角，线条由细到粗。在上眼睑后1/3处适当地将眼尾往下压，确保眼线流畅自然。

04 粘贴假睫毛，应紧贴睫毛根部进行粘贴。在眼尾部分可将假睫毛稍微向下粘贴。

05 粘贴美目贴。修剪出合适形状的美目贴，将内眼角的外围弧度拉大，然后将美目贴粘贴在靠近内眼角位置的上方。内眼角的高度提高之后，外眼角会相对变低。

06 确保眼妆干净完整，操作完成。

5. 细长眼

眼形特征：眼睛细而长，给人一种没有神采的感觉。

矫正方法

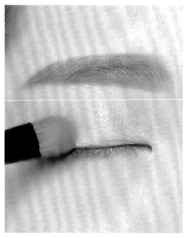

01 画眼影时，重点在于对上眼睑中部的晕染。采用纵向晕染的眼影技法，选用暖色调的眼影来描画。

02 用眼影刷蘸取黑色眼影晕染睫毛的根部，以增加眼睛的神采。

03 画眼线，上下眼线的中部应适当加粗，但眼线不可延长。

04 粘贴假睫毛。将涂满睫毛胶的假睫毛沿着睫毛的根部进行粘贴，粘贴时真假睫毛需自然衔接。

05 修剪出合适形状的美目贴，将其紧贴着睫毛根部一层层地粘贴，以加大眼皮的支撑度，使眼睛变大。

06 用合适颜色的眼影遮盖住美目贴，确保妆效自然。检查眼妆是否干净完整，操作完成。

6. 圆眼

眼形特征：眼睛不太长但较宽，给人一种可爱的感觉。

矫正方法

01 画眼影时，重点在于晕染眼尾。切记上眼睑中部不能用暖色调的眼影，此外晕染的高度不宜过高，外眼角处可向外向上晕染。

02 画眼线。眼线从内眼角开始描画，直至外眼角。眼线由细到粗，尽量画得平直，可适当拉长眼线。

 tips

在第02步描画眼线时，确保线条自然流畅、颜色饱和、清晰。同时，注意将眼线的空隙处填满，避免留白。

 tips

在第04步粘贴美目贴后，可用眼影刷蘸取合适的眼影，以按压的方式涂抹于眼睑部位，遮盖住美目贴，让眼妆更显自然，切忌直接涂刷。

03 粘贴假睫毛。将涂满睫毛胶的假睫毛紧贴着睫毛根部进行粘贴，适当用假睫毛加长眼尾的睫毛。

04 粘贴美目贴。修剪出合适形状的美目贴，压着双眼皮的褶皱线进行粘贴，让双眼皮更加明显。

05 用合适颜色的眼影遮盖住美目贴，确保妆效自然。检查眼妆是否干净完整，操作完成。

06

五大化妆核心之腮红

腮红可以使脸部具有立体感，还可使妆容看起来更时尚，腮红是表现人气血的关键。对于脸庞不够纤美的女性，化妆造型师可以通过腮红快速打造出"视觉瘦脸"的神奇效果，让脸庞更娇媚、柔和，更有立体感。

一、腮红的作用

腮红又称胭脂，使用后会使面颊呈现健康、红润的气色。如果说眼妆是脸部彩妆的焦点，口红是化妆包里的要件，那么腮红就是修饰脸形、调整肤色的最佳用品。

腮红主要有以下两大作用。

一是可以调整及修饰脸形，使面部的轮廓更明显。大多数人的脸形并不完美。如有些人的颧骨过高，有些人的颧骨较低，这时候，腮红在化妆中就起到了至关重要的作用。如果是颧骨高的脸形，一般都会避免直接将腮红晕染在颧骨的最高点上，而且要使用珠光腮红。

二是使用腮红后，可使面部显得健康、红润，与眼妆和唇妆相协调。基本画好底妆后，因肤色过于均匀、偏白，会让模特看上去显得脸色苍白，气色欠佳，这时候可以用少许的腮红来弥补气色上的不足。在眼妆和唇妆都比较浓的情况下，苍白的面部也要用腮红来修饰。腮红不仅会使人具有较好的气色，还会使整个妆面看起来更加精致、完美。

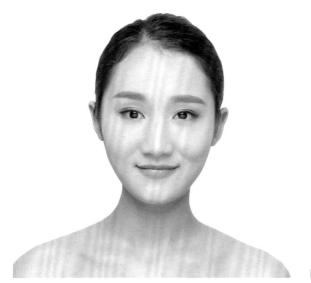
画腮红前

画腮红后

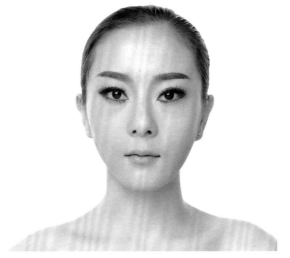
画腮红前

画腮红后

二、腮红的色彩搭配

腮红能改善人的气色，了解不同色系的腮红与不同妆容的搭配技巧有助于我们挑选合适的腮红。

1. 腮红的色彩分类

橘色系：适合暖色调的妆容和肤色较暗的人。

粉红色系：适合冷色调的妆容和皮肤白皙的人。

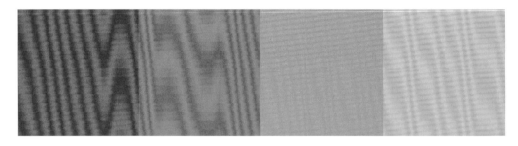

红棕色系：适合具有立体感、成熟感及年龄偏大的人。

2. 腮红色彩的挑选原则

腮红色彩的挑选原则主要从以下两个方面来阐述。

年龄的区分

年轻女性：适宜选择浅色调的腮红，如浅红、粉红、浅橘红、浅桃红等颜色，以呈现出年轻、可爱的感觉。

中年女性：适宜选择玫瑰红、豆沙红、砖红等色彩较深的腮红，以展现出端庄、典雅的气质。

场合的区分

白天：上班或外出的时候，适合选用浅色腮红。白天的光线太强，若选用深色腮红会显得妆容过于浓艳、厚重。

晚上：出席晚宴或晚会时，适合选用深色腮红。晚上的光线太弱，若选用浅色腮红，会显得妆容太淡，显得人没有血色，不易出彩。

3. 腮红与妆面的搭配

日妆：宜选用粉红、浅棕红、浅橙红等比较浅颜色的腮红。选色时，要注意与妆面的其他色彩相协调。

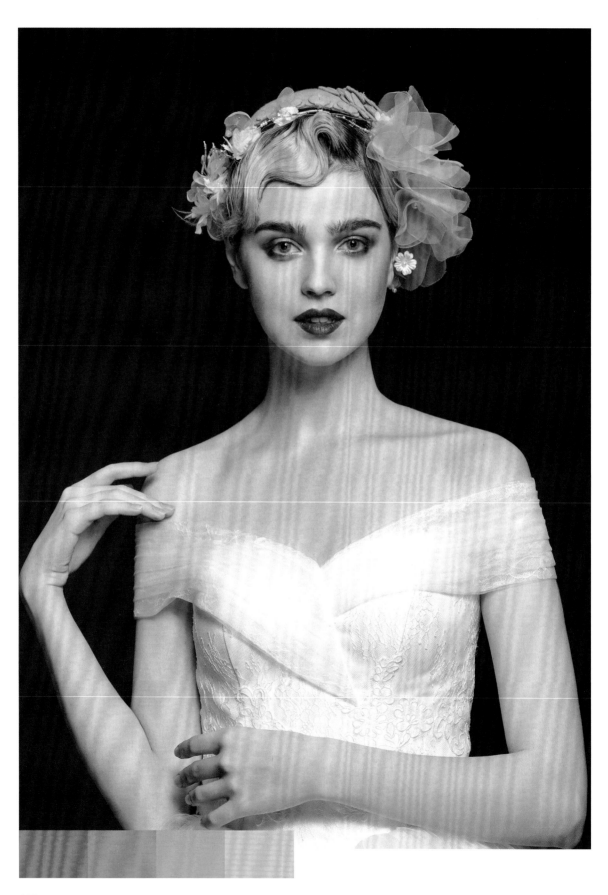

浓妆：宜选用棕红、玫瑰红等较深颜色的腮红。注意：腮红的颜色与眼影和唇色相比，其纯度与明度都应适当减弱，以使妆面具有层次感。

三、不同腮红的上妆技法

不同的腮红可以起到修饰脸形的作用，下面来学习不同腮红的上妆技法。

1. 团式腮红技法

此技法是指在笑肌上做团式腮红晕染，手法为打圈。首先让模特微笑，然后以打圈的手法将腮红均匀地涂刷于笑肌处。具体晕染的位置在鼻下线附近，色彩多为粉嫩、温暖的色系，适合打造甜美、可爱的妆面。

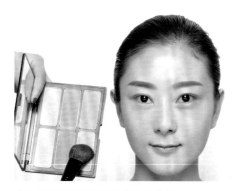

01 用腮红刷蘸取合适颜色的腮红。

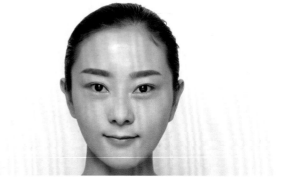

02 让模特微笑，使笑肌凸出。

03 将腮红在笑肌处以打圈的手法进行涂抹。涂抹时注意边缘线要柔和、自然。

04 确保两边的腮红晕染到位，一定要对称，操作完成。

2. 斜扫腮红技法

运用此技法时，腮红的涂刷位置在颧弓下线附近。涂刷时注意，腮红与发际线的衔接要自然，以斜扫的方式向鼻翼处描画。

01 用腮红刷蘸取合适颜色的腮红。

02 从模特的发际线处开始涂刷。

03 从发际线处斜向下涂扫至鼻翼处。

04 将腮红刷上剩余的腮红涂扫在额头、鼻尖及下巴尖处，让整个面部红润，用色均匀并协调统一。

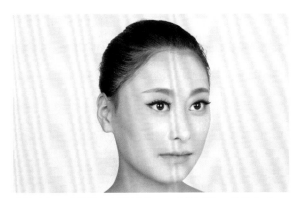

05 确保两边的腮红晕染到位，一定要对称，操作完成。

涂抹腮红时，切忌一次性蘸取过多，应采用少量多次的方法均匀地涂抹腮红，这样打造出的妆容才会更加通透、自然。另外，注意选用的腮红颜色需与整体妆色协调统一。

3. 横扫腮红技法

横扫腮红是指对颧骨下方与太阳穴衔接处做横向晕染。一般适用于长形脸，但不适合方形脸和圆形脸。

01 用腮红刷蘸取合适颜色的腮红，从模特的发际线处开始做横向晕染。

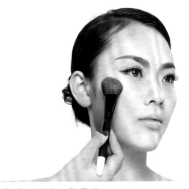

02 横向晕染至颧骨处。

03 横向晕染至脸颊处。

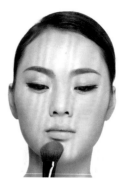

04 将腮红刷上剩余的腮红涂扫在额头、鼻尖及下巴尖处，让整个面部显得均匀红润、协调统一。

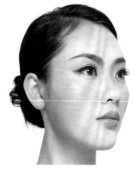

05 确保两边的腮红晕染到位，一定要对称，操作完成。

晕染腮红时，若腮红涂抹过重，可用散粉刷蘸取适量的散粉，扫除多余的腮红，然后对妆面重新进行修饰与调整。

四、腮红对脸形的矫正作用

脸形过大或过小、过长或过短等都会影响脸部的轮廓。调整涂抹腮红的位置及腮红的色彩明暗，可以使不完美的脸形得到很大的改善。

1. 长形脸

脸形特点：脸形窄且长，额头与颧骨的宽度几乎一致，给人成熟、稳重的感觉。

矫正要点：将腮红涂在外眼角的外侧即可，涂抹的面积尽量小一些，可采用横扫腮红技法来涂抹腮红，以增加脸部的宽度、缩短长度。

2. 圆形脸

脸形特点：脸部圆润，宽度与长度几乎一致，棱角不明显，显得可爱、稚气，缺乏成熟感。

矫正要点：可采用斜扫腮红技法来涂抹腮红，以拉长脸部，让脸形看起来不那么圆润；同时可选用团式腮红技法来涂抹腮红，以增强青春阳光感。

3.方形脸

脸形特点：面部棱角分明，前额和下颌骨的棱角明显，额头和颧骨的宽度几乎一致，给人严肃、硬朗的感觉。

矫正要点：可采用斜扫腮红技法来涂抹腮红，涂抹范围可稍微大一些，呈三角形，使面部相对显瘦一些。

4.菱形脸

脸形特点：菱形脸又称申字形脸，特点是额头窄、颧骨突出、下颌尖，给人一种不易接近的感觉。

矫正要点：以面颊正面为中心，将腮红晕染在颧骨最高点以下和颧弓下陷的交接处。腮红的颜色尽量选用浅色系，可使脸形看起来更加柔和。

5.倒三角形脸

脸形特点：倒三角形脸又称甲字形脸，脸部轮廓上宽下窄，给人一种单薄、柔弱的感觉。

矫正要点：腮红以面颊正面为中心，以打圈的方式涂抹在笑肌上即可。

07

五大化妆核心之唇妆

唇部是引人注意的部位之一。唇妆能够改变一个人原有的形象和风格，恰当的唇妆可以令娴静端庄的女性散发出一股野性的气息，也可以令温婉优雅的女性呈现出俏皮可爱的感觉。对于忙碌的现代女性而言，涂唇膏是最方便、快捷的化妆方式。即使不处理其他部位，仅涂抹口红也可以使她们看上去自然、健康、朝气勃勃。

一、唇妆的作用

唇是女性五官中最能表现气质的部分，因此毫无疑问地在整个妆面的打造中属点睛之笔，与此同时，标准唇形的打造也就显得尤为重要。另外，不同类型的嘴唇可以表现出女性不同的美。粉嘟嘟的水亮唇可体现出女生的乖巧可爱；娇艳欲滴的红唇可彰显出女性的热情性感；特殊妆容的唇妆则别具一格，需要特定的唇形修饰来达到与妆容的风格协调统一。

唇妆主要有三大作用。第一个作用是矫正不标准或有缺陷的唇形；第二个作用是可以显现出健康的身体状态；第三个作用是合适的唇妆可与整体造型相呼应，让整体妆面显得更加生动。

二、唇的类型

每个人的唇形都不尽相同，经过唇妆打造后，不同的唇形还可以展现出不同的效果，如丰满型、性感型、可爱型、裸唇型及创意型等。

1. 丰满型

唇形特征：唇峰圆润，且唇峰的高度应与下唇的厚度基本一致，唇形轮廓饱满。

塑造步骤

第1步：用润唇膏打底，确保双唇滋润，用遮瑕膏遮盖唇部边缘。

第2步：用与口红颜色一致的唇线笔勾画唇线，注意将唇峰位置勾画饱满。

第3步：涂抹口红，需要仔细地涂抹，注意口红与唇线应自然衔接。

2. 性感型

唇形特征：唇峰位于人中到嘴角的1/3处，这种唇形平整而开阔，给人一种优美、热情的感觉。

塑造步骤

第1步：用润唇膏打底，确保双唇滋润，用遮瑕膏遮盖唇部边缘。

第2步：用与口红颜色一致的唇线笔勾画唇线，将唇峰位置勾画准确。

第3步：涂抹口红，需要仔细地涂抹，注意口红与唇线应自然衔接。

3. 可爱型

唇形特征：上唇线条感强，下唇较丰满，给人以娇小、可爱、甜美的感觉。

塑造步骤

第1步：用润唇膏打底，确保双唇滋润，用遮瑕膏遮盖唇部边缘。

第2步：用与口红颜色一致的唇线笔勾画唇线，将上唇的范围缩小。

第3步：选用粉红色系的口红涂抹双唇，需要仔细地涂抹，注意口红与唇线应自然衔接。

4. 裸唇型

唇形特征：唇色接近肤色，显得精致，无过多的修饰感。

塑造步骤

第1步：确保双唇滋润，用遮瑕膏轻轻地按压在唇部表面，或用一支肉粉色的唇膏为双唇打底，以调整唇底部的颜色。

第2步：选用同色系的唇膏与唇蜜涂抹双唇，以叠加出光感。

第3步：用纸巾在唇部表面轻轻按压一下，将多余的油分吸走后，扑上一层带闪耀珠光粒子的蜜粉。然后用唇蜜或唇彩轻刷上唇和下唇的中间位置。最后稍稍晕开。

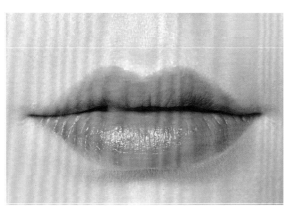

5. 创意型

唇形特征：可以随意设计，原则是与妆容风格搭配、协调。

塑造步骤

第1步：用润唇膏打底，确保双唇滋润，然后用遮瑕膏遮盖唇部本来的颜色。

第2步：设计出与妆容风格相搭配的图案和色彩。

第3步：根据设计好的图案和色彩进行涂抹，一般先铺底色，再在其上面描绘出相应的纹理，这样创作的空间更大。

第4步：可添加一些辅助材料，如彩纸做成的花、水钻及金粉等，以修饰唇部。

三、标准唇形的打造

标准唇形的打造是决定专业的化妆造型师能否打造出成功的唇妆及妆面的重要条件之一。

1. 标准唇形的特点

标准唇形的特点为轮廓清晰，嘴角微翘，且整个唇形富有立体感。唇角在模特平视前方时瞳孔内侧的垂直线上；下唇略厚于上唇，下唇中心的厚度是上唇中心厚度的1.5倍左右；唇峰位于嘴角到人中的2/3处。这种唇妆给人端庄、亲切自然的印象。

唇主要是由以下部位构成的。图中的1和2为唇峰，指上唇两个凸起的部位；图中的6为唇谷，也称人中沟，指两唇峰之间凹陷的位置；图中的3为唇角，其决定了唇的宽度；图中的4为唇肚，指下唇中央最饱满的地方；图中的5为唇珠，指上唇正中凸出的部位。

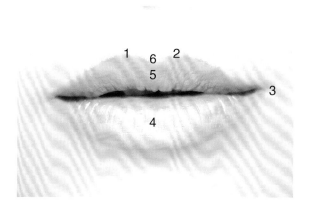

2. 唇膏的选择

在打造妆容时，我们需要针对不同的唇妆选择不同颜色的唇膏，因为不同颜色的唇膏会显现出不一样的唇妆效果。例如，红色显艳丽，且富有生气；茶红色显沉着、高雅；棕红色显清秀、洒脱；桃红色显鲜嫩、可爱；玫红色显热情、娇艳；珠光唇彩显光耀夺目等。

首先，我们可根据不同的肤色选择合适的唇膏颜色。一般情况下，肤色白的人适合选用任何颜色的唇膏，但主要以明亮色彩为宜；肤色黑的人适合褐红、暗红等明亮度低的色彩；肤色黄的人应尽量避免使用黄色系唇膏，多选用玫瑰色系，以增强唇的明亮度。

其次，我们可根据不同的年龄选择合适的唇膏颜色。年轻活泼的女孩子一般多选用橙色系唇膏，给人时髦、大方、活泼的感觉；中老年人则宜选用褐红色系或接近咖啡色的唇膏，给人成熟优雅、端庄大方的感觉。

3. 唇妆的打造要点

第1点：年轻人需淡化唇部，注重眼妆。

第2点：中老年人需注重唇妆，淡化眼部。皮肤较白的人可选用大红色的唇膏，肤色一般的人可选用豆沙红、砖红或咖啡红的唇膏。

第3点：唇线与唇色要一致。

第4点：唇线的线条要流畅，左右对称。

第5点：口红要颜色饱满，以充分体现立体感。

4. 唇膏颜色与妆面的搭配

唇膏的颜色有很多种，不同颜色的唇膏使用后会产生不一样的效果。因此，我们需要根据妆型来选用颜色恰当的唇膏，这样才能对妆面起到画龙点睛的作用。

一般情况下，棕红色显朴实，使妆面显得稳重、含蓄而成熟，适用于年龄较大的女性；豆沙红色显含蓄、典雅、轻松自然，使妆面显得柔和，适用于较成熟的女性；橙色显热情，富有青春活力，妆面给人以热情奔放的印象，适用于青春气息浓郁的女性；粉红色显娇美、柔和，使妆面显得清新、可爱，适用于肤色较白的青春少女；玫瑰色显高雅、艳丽，妆面效果醒目、艳丽，适用于晚宴妆及新娘妆。

5. 标准唇形的打造步骤

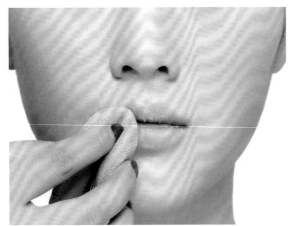

01 用粉扑蘸取粉底遮盖唇形，弱化边缘。

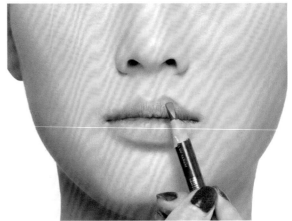

02 用唇线笔勾勒唇形，以便修改。

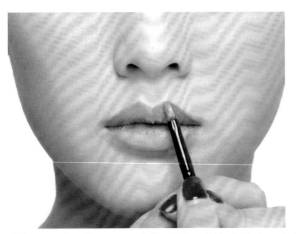

03 用唇刷蘸取粉色口红，涂抹于唇部。涂抹时需仔细，注意口红与唇线间应自然衔接。

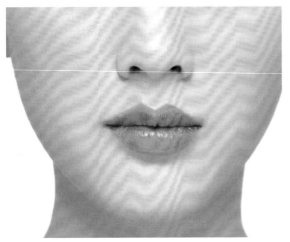

04 确保口红涂抹完整，边缘干净，操作完成。

tips

　　在打造精致完美的唇妆前，务必保持唇部足够滋润。如果在唇妆打造前唇部有脱皮等干燥现象，可先用热毛巾热敷唇部，接着将多余的死皮去除，然后涂抹润唇膏，使唇部恢复滋润的状态。

四、唇妆的处理技巧

打造完美的唇妆需要掌握以下技巧。

技巧1：选用润唇膏或无色唇膏打底。这样不仅能使嘴唇保持水润，还能使唇部形成一层保护膜，防止口红与唇部娇嫩的肌肤直接接触。如果唇色较深，还可用遮瑕膏遮盖和打底。

技巧2：在涂抹口红时，先在嘴唇上盖一层薄薄的蜜粉，再用无色或浅色的唇线笔勾勒出唇线，然后把口红涂抹在唇线范围内，以避免口红溢出唇外。

技巧3：针对不喜欢唇线，但又不想口红花妆的女性，可以先在嘴唇上拍少许蜜粉，再涂口红，然后将口红抿开。第一次抿开后，用吸油纸或者面巾纸轻轻盖在唇上，将浮在表面多余的油脂吸除，然后涂抹一次口红，这样就能有效避免口红脱妆。

技巧4：去角质也是防止口红花妆、嘴唇脱皮的有效方法之一。去角质时，可用脸部磨砂膏，也可选择在睡前敷唇膜，这些方法都可以让嘴唇保持更好的状态。

如果无论如何都无法避免花妆的状况发生，则需要检查自己使用的唇妆产品是否配方太老或质量不够好，然后选择其他的产品试试。

技巧5：想要打造立体丰满的唇妆，可以选用晶亮、滋润度高的唇彩，也可用亮白色唇线笔描画并提亮唇峰、下唇中间及边缘部分。

技巧6：唇部易干燥的处理。唇部易干燥的人应多涂唇膏，可在晚睡前在唇部涂满唇膏，做好滋润护理。

技巧7：口红沾牙齿的处理。牙齿干燥时是最容易沾上口红的，可在涂口红之前用舌头舔一下牙齿，或者涂口红时量不宜过多，此外应注意唇内侧少涂口红。

五、唇线的画法

　　唇妆是整个妆面的点睛之笔。想要描画出理想的唇形，我们可以在画唇前先描画唇线，给双唇定型，然后用唇膏或者是口红来填满双唇。唇线笔的颜色应该和口红颜色一致或是比口红颜色深一号。一般来说，我们大致将唇线的画法分为标准画法、内描法、外描法和直线法。

1.标准画法

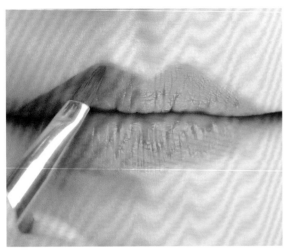

01 用唇线笔沿着唇的边缘线勾勒。先描画上唇线，再描画下唇线。一般从一侧嘴角开始描画上唇线。

02 沿着唇的边缘线向另一侧嘴角描画，注意嘴角和唇中连接的位置要衔接自然。

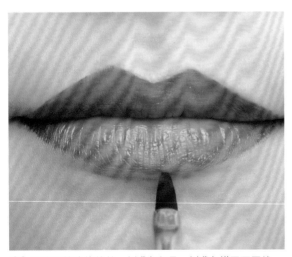

03 沿着唇的边缘线从一侧嘴角向另一侧嘴角描画下唇线。

04 标准唇线完成后涂抹口红的效果。

tips

　　画唇线时，注意唇线笔要放平，一般用唇线笔的尖端进行描画，注意画出的唇线要左右对称。

2. 内描法

将唇线描画在原有唇形的内侧，有缩小唇形的作用，一般用于矫正大而厚的唇形。

01 从一侧嘴角开始描画上唇线。注意，所画唇线位于唇边缘线的内侧。

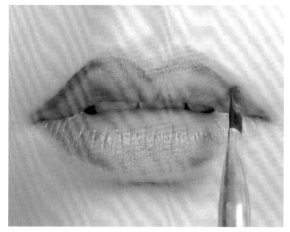

02 用唇线笔依着唇边缘线的走势进行勾勒，向另一侧嘴角描画，注意嘴角和唇中连接的位置要衔接自然。

03 依着唇边缘线的走势从一侧嘴角向另一侧嘴角描画下唇线。注意，下唇线要位于唇边缘线的内侧。

04 内描法唇线完成效果。

3. 外描法

将唇线描画在原有唇形的外侧，有使唇形更丰满的作用，一般用于矫正薄而小的唇形。

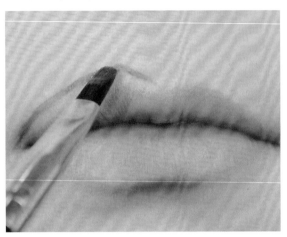

01 从一侧嘴角开始描画上唇线。注意，所画唇线位于唇边缘线的外侧。

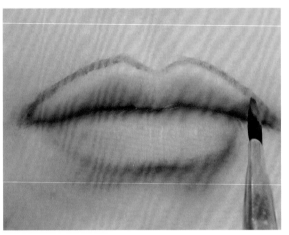

02 用唇线笔依着唇边缘线的走势进行勾勒，向另一侧嘴角描画，注意嘴角和唇中连接的位置要衔接自然。

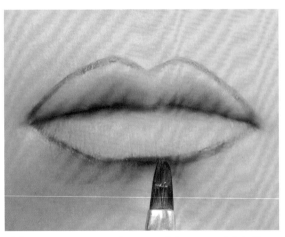

03 依着唇边缘线的走势从一侧嘴角向另一侧嘴角描画下唇线。注意，下唇线要位于唇边缘线的外侧。

04 涂上口红的效果。

4. 直线法

一般唇线都以弧线为主，而直线法就是将上唇线的轮廓画出带有尖锐的角的效果，适合标准唇形。

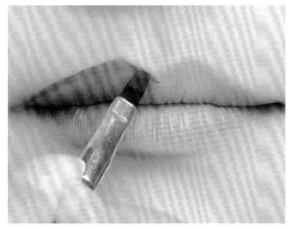

01 从一侧嘴角开始描画上唇线。注意，画到唇峰处时，要用直线表现出尖锐的角。

02 用唇线笔依着唇边缘线的走势进行勾勒，向另一侧嘴角描画。注意，另一侧唇峰处也用直线表现出尖锐的角，且两个角左右对称。

03 依着唇边缘线的走势从一侧嘴角向另一侧嘴角描画下唇线。

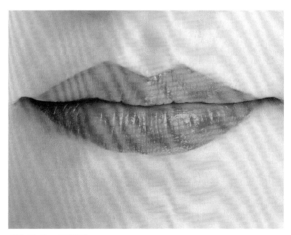

04 涂上口红效果。

六、唇形的打造

不同唇形能给人不同的印象，展现出不同的形象风格。

1.标准型

唇形特征：上唇的唇谷位于唇部中间位置，两侧唇峰对称，而且到嘴角的距离相等，唇谷、唇峰的弧度适中；下唇唇边的曲线弧度平缓；嘴唇整体轮廓线清晰、自然，唇色红润。

打造重点：注重上下唇形的比例，首先用颜色与肤色一致的粉底为双唇晕染一层薄薄的底妆，然后根据标准唇形的特征描画即可。

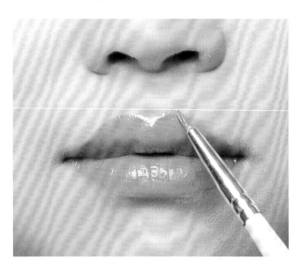
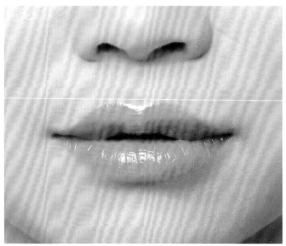

2.可爱型

唇形特征：两唇峰的间隔较近，唇峰位于唇谷至唇角的内1/4处，唇谷较浅，下唇呈弧形。嘴唇整体呈上唇薄、下唇厚的状态。

打造重点：注重打造唇部的珠光质感。首先用与肤色相同的粉底为双唇晕染一层薄薄的底妆；然后选择橘色系的口红描画出唇形，以体现出少女的可爱感；最后用亮色的珠光唇蜜在上下唇的中部点染开，将唇部涂满，以营造双唇的丰润感。

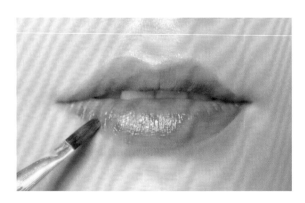

3. 华丽型

唇形特征：一般唇部较为丰满，且唇形边缘线圆润、流畅。

打造重点：注重表现出唇的弧度及丰满度。首先用与肤色相同的粉底为双唇晕染一层薄薄的底妆，然后用与口红颜色一致的唇线笔描画出唇线，最后用红色亚光唇膏涂抹唇部。

4. 理智型

唇形特征：唇部边缘线较平滑，弧度不明显，且双唇较薄。

打造重点：要求唇形弧度不明显。首先用与肤色相同的粉底为双唇晕染一层薄薄的底妆，然后用与口红颜色一致的唇线笔描画出平滑的唇线，最后选用红色亚光唇膏涂抹唇部。

七、唇形矫正

　　一般而言，人们的唇形都不是很标准，很多女性常常因为自己的嘴唇过厚或过薄、过大或过小、上下嘴唇不对称等而苦恼。下面介绍几种非常简单的唇形矫正方法。

1. 嘴唇过厚

　　唇形特征：唇形饱满，立体感强，有的上唇过厚，有的下唇过厚，有的上下唇均过厚。过厚的嘴唇会使女性缺少柔美感。

　　矫正方法：重点在于用颜色与肤色相同的粉底遮盖唇部。首先用颜色与肤色相同的粉底遮盖唇部；然后用唇刷勾勒唇线，将唇形往内收缩2mm左右；最后用唇膏在唇线内侧仔细涂抹。注意要使用接近唇色的自然色唇膏，一般不宜使用带珠光效果的口红。

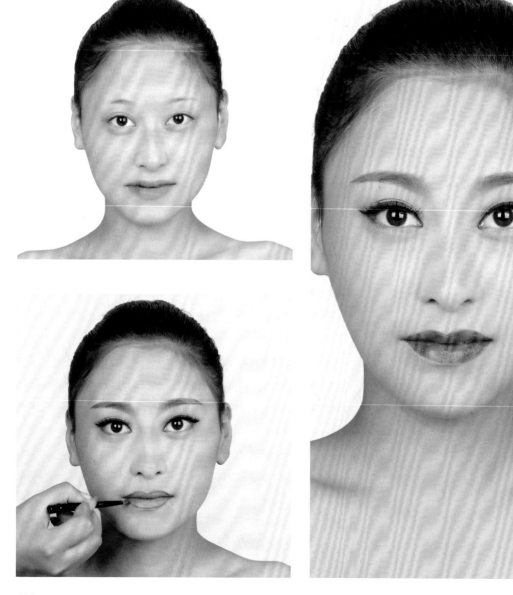

2.嘴唇过薄

唇形特征：上唇和下唇的宽度过薄，上下唇部比例达不到1∶1.5的比例。这种唇形给人一种不够大方的感觉。

矫正方法：勾勒唇线时，往外扩2mm左右。首先用颜色与肤色相同的粉底为双唇晕染一层薄薄的底妆；然后用与口红颜色一致的唇线笔沿着自身唇形靠外一点描绘唇线，线条要柔和、饱满，这样可适当扩大唇形；接着在唇线范围内涂满口红；最后用亮色的珠光唇蜜在唇珠位置提亮，以打造双唇中间的高光，使双唇显得饱满。

3.嘴角下垂

　　唇形特征：两嘴角下垂，给人一种不开心、严肃的感觉。

　　矫正方法：重点在于嘴角的描画。首先用颜色与肤色相同的粉底为双唇晕染一层薄薄的底妆，重点用遮瑕膏遮盖两个嘴角本来的肤色；然后用与口红颜色一致的唇线笔调整两个嘴角的高度，将两个嘴角提高；最后用唇刷蘸取口红或者唇膏，涂满双唇。

4.嘴角上扬

唇形特征：两嘴角上扬，给人一种开心、不严谨的感觉。

矫正方法：重点在于嘴角的处理。首先用颜色与肤色相同的粉底为双唇晕染一层薄薄的底妆，注意用遮瑕膏遮盖两个嘴角本来的肤色；然后用与口红颜色一致的唇线笔调整两个嘴角的高度，将两个嘴角的位置降低；最后用唇刷蘸取口红或者唇膏，涂满双唇。

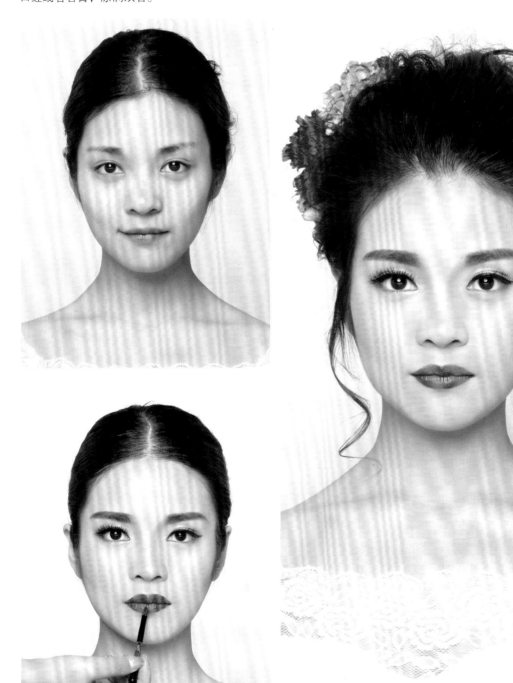

5. 平直唇形

　　嘴唇特征：唇部轮廓较平直，没有明显的唇峰，缺少曲线美。

　　矫正方法：重点在于打造唇形弧度。首先用颜色与肤色相同的粉底为双唇晕染一层薄薄的底妆；然后用与口红颜色一致的唇线笔将唇形描画得更丰满；之后用唇刷蘸取口红或者唇膏，涂满双唇；最后用亮色的珠光唇蜜在上下唇的中间位置点染开，注意不要将唇部涂满，打造出双唇中央的高光即可，这样会使得双唇显得饱满。

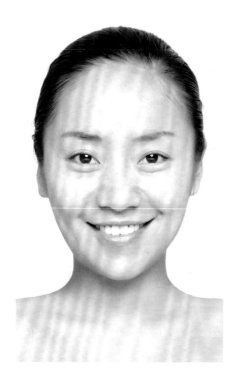

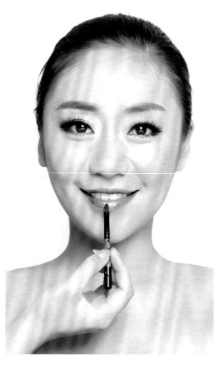

6.唇形过大

嘴唇特征：嘴角外形过大，面部比例失调。

矫正方法：首先用颜色与肤色相同的粉底为双唇晕染一层薄薄的底妆，用遮瑕膏遮盖原本的唇色；然后用唇线笔勾画唇线，将唇形向内收缩2mm左右；最后用唇刷蘸取口红或者唇膏，将唇部涂满。

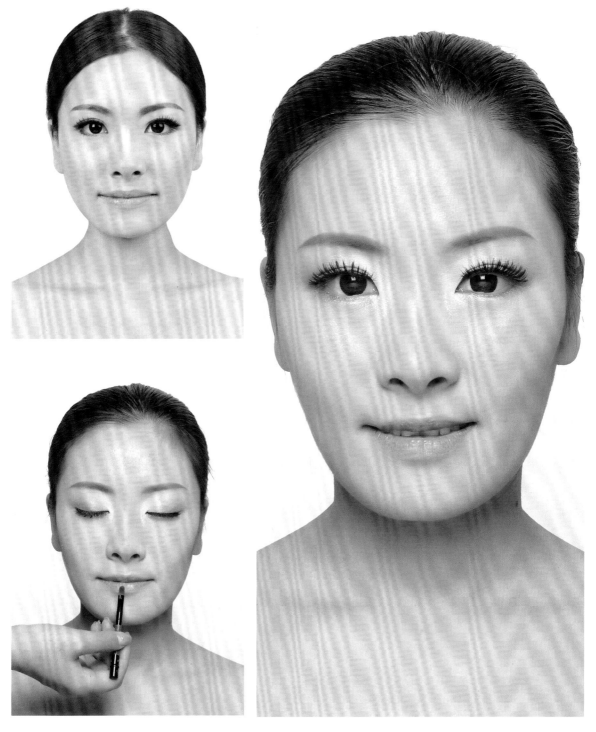

7. 唇形过小

嘴唇特征：嘴唇外形过小，面部比例失调。

矫正方法：首先用颜色与肤色一致的粉底为双唇晕染一层薄薄的底妆，重点在于遮盖唇部的边缘；然后用唇线笔勾画唇线，将唇形向外扩2mm左右；接着用唇刷蘸取口红或者唇膏，将唇部涂满；最后用亮色的珠光唇蜜在上下唇的中央点染开，注意不要将唇部涂满，打造出双唇中央的高光即可，这样会使双唇显得饱满。

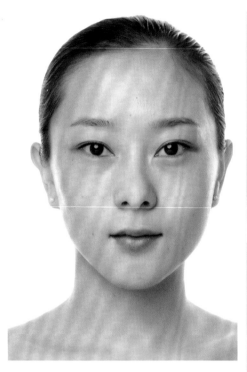

08

化妆造型师与客人的零距离接触

一、体型分类及特点分析

随着物质、文化水平的提高，人们对于美的追求已经不仅停留在妆面和发型上，更多的女性越来越重视整体造型的搭配。

女性体型可分为四大类，分别为X型、A型、V型和H型。

X型

身材特点：外部轮廓曲线较明显，腰较细，胸、腰、臀部线条突出，骨架较小。

着装要点

要点1：突出腰身。虽然身材很完美，但还是要注意将腰身线条巧妙地展示出来。

要点2：衣料选择要适当。上半身的衣料切忌太过柔软或太贴身。因为X型身材的女性胸部非常丰满，宜选择不易走形的面料。太柔软贴身的料子会让胸部过于显形，反而影响美观。

A型

身材特点：三围之间差距较大，胸围偏小而臀围偏大，其属于中国女性常见的体型之一。

着装要点

要点1：上浅下深，以灰色为界。以灰色这个中间色为界，上身的衣服颜色不要比灰色更深、更暗淡，下身的衣服颜色不能比灰色更淡、更明亮。因为上半身比较瘦，下半身比较宽，所以下半身选用深色，这样有显瘦的效果。

要点2：上繁下简，巧妙瘦身。这种体型较适合领口设计夸张，含有大扣子、大别针或者大胸花等元素的服装。夸张的上半身装饰会让人们的目光全部集中在胸口和腰身，这样身材的缺陷就会被隐藏。为下半身选择简单、贴身的裤子或裙子，要避免选择可爱的公主裙、布料太硬的A字裙等。另外，不宜选择较细的腰带，这样只会让本来就偏大的臀部更加突出。

V型

身材特点：上半身和下半身尺寸对比明显，上大下小，肩膀很宽，呈上身粗、下身细的状态，整体看起来类似"倒三角"。这种体型的女性胸部易下垂，所以平时应注意胸部塑形。

着装要点

要点1：着装不宜突出上半身。这种身材的共性是肩宽，因此有垫肩、荷叶领、一字领的服装均不宜选用，滚边、蕾丝或泡泡袖更不宜选用。格子、印花或者花纹系列的衣服都是V型身材的女性应该大胆尝试的。有花纹的衣服能让上半身看起来纤瘦，尤其是带有竖条纹的上衣。

要点2：多选用裙装搭配，因为这样可以凸显纤细的双腿；坚持上深下浅的原则，以使上半身和下半身更协调，使整体显得更加修长。

H型

身材特点：外部轮廓不明显，三围差距不大，胸、腰、臀的比例匀称。

着装要点

要点1：宜选择直筒装束。直筒的洋装可把女性的率直、潇洒等气质很好地显露出来。如果想显露腰身，一根细腰带加上比较夸张的配饰就可以；另外，宽松的裙子和灯笼裤也会让腰部显得更加纤细。

要点2：和紧身衣说NO。选择宽松的衣服加腰带，会让你显得别致、性感；同时，小背心加小T恤，外搭小外套，可以凸显层次感，让身体线条显得更加柔美。

二、生活类妆容

生活类妆容大多为日妆，都属于自然光线下的妆容，要求妆容精致、自然。生活妆主要分为职业妆、休闲妆、时尚妆、裸妆等，其主要目的在于表现人物的内在修养和性格特征，凸显人物整洁干净、高雅端庄等风格效果。生活妆的妆面色彩宜简单，具有随意性。生活妆的实用性是造型的基本依据。

生活妆的TPO原则

T（time）指时间

在为客人塑造生活妆前，我们必须了解客人的带妆时间。如果是白天带妆，则主要塑造成清淡、柔和、自然的风格；如果是在夜晚带妆，则妆色需浓一些。

P（people）指人物

在为客人塑造生活妆前，我们必须要了解客人的年龄、职业、工作环境、身份、个人修养及爱好等。这样才能根据客人本身的特点来打造出令他们满意的造型。

O（occasion）指场合

除了以上两个原则外，我们还应注意的是场合问题。例如，是逛街用的生活妆，还是聚会时需要的宴会妆等。另外，如果要参加运动，打造的生活妆就必须防水。场合不同对妆容的要求也有所不同。

1. 接单流程

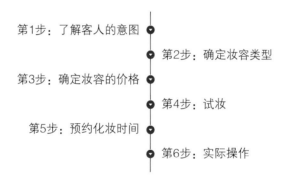

第1步：了解客人的意图

第2步：确定妆容类型

第3步：确定妆容的价格

第4步：试妆

第5步：预约化妆时间

第6步：实际操作

2. 沟通

第1点：与客人沟通并了解客人的需求，然后了解客人的年龄、职业及本次妆容的目的等基本情况，以便更好地为客人服务。

第2点：与客人沟通并了解客人的接受程度及个人喜好，沟通妆容的设计，询问客人是否有特定的需要等。

第3点：与客人沟通并了解客人的体型及五官特点，这样可以更好地根据客人的外貌条件设计出适合客人的造型。

第4点：与客人沟通时注意语言的表达，多询问客人的意愿，与客人进行良好的沟通。

3. 签单后的工作

第1点：提前打电话提醒客人预约化妆时间。

第2点：通知客人在化妆前一个星期应该注意的事项。例如，一个星期内不要修剪和烫染头发，如果要修剪或烫染头发应提前半个月以上进行；化妆前一天要洗头发；提前一周开始敷补水面膜；尽量少吃刺激性食物。

第3点：提醒客人化妆后的注意事项。例如，尽量在洗手间或者避开人群的地方补妆。油性皮肤的客人在补妆前需用吸油纸将面部多余的油分吸掉，再用干湿两用粉饼补妆。用卸妆产品进行卸妆时动作要尽量轻柔，眼、唇等娇嫩的部位可用专用的卸妆产品。用洁面产品对面部进行彻底清洁。

4. 实例演练

● 生活妆

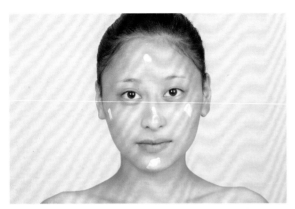

01 保湿与隔离。选用高保湿的化妆水对面部进行润肤。然后将乳液涂抹于全脸，进行锁水处理，以确保皮肤滋润。接着将颜色合适的隔离霜涂抹于脸部，尤其注意眼部及唇部等褶皱较多的地方需要仔细涂抹。

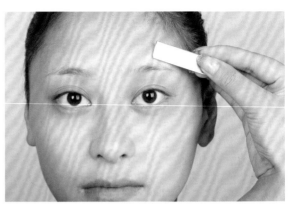

02 修眉。修眉时注意修眉刀要与脸部呈45°，以免划伤皮肤。若是眉形很标准，则可省略此步骤。

03 打底。选择合适的粉底液进行面部打底，以局部遮瑕的方式对整个面部进行遮瑕处理。

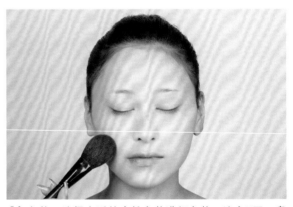

04 定妆。选择合适的蜜粉定妆进行定妆，注意T区、鼻翼、眼周、嘴角等地方需要仔细涂抹。建议使用蜜粉刷定妆，这样能使整个妆面更轻薄。

05 修容。用修容刷蘸取适量的修容粉对面部进行修容，这样可使面部更立体。

06 画眉。选择合适的眉粉或眉笔，仔细描画眉毛，确保线条流畅自然。

07 画眼影。选择合适的眼影，从上眼睑底部开始涂抹，注意眼影晕染要自然，且有层次感。

08 画眼线。顺着睫毛根部描画眼线，可只描画内眼线。描画眼线时，一定要将内眼睑涂满，避免留白。

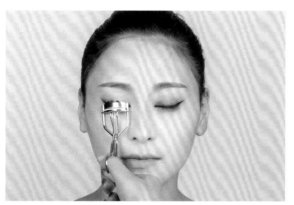

09 处理睫毛。先用睫毛夹将睫毛夹翘，然后以Z字形从睫毛根部涂刷睫毛膏。也可先粘贴自然型假睫毛，让真假睫毛自然衔接，再统一涂刷睫毛膏，以使眼睛更有神采。

10 画腮红。画腮红时，采用少量多次的方式涂抹，且晕染要自然。此时，根据模特的脸形及妆色决定选用腮红的色系及涂抹的形状。

11 涂唇彩。根据妆色选择相应颜色的唇彩进行涂抹。涂抹时需仔细，确保唇色饱和，唇部干净完整。

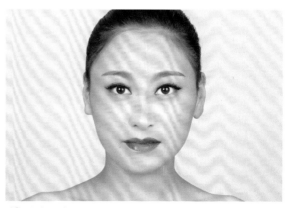

12 检查。确保面部干净，眉毛对称，操作完成。

● 生活裸妆

　　裸妆并非指完全不化妆，而是指妆容自然清新，虽然经过化妆修饰，但却不会显露出化妆的痕迹。现代生活裸妆的重点在于底妆。妆后需要令肌肤呈现出宛若天然的无瑕美感，彻底颠覆以往化妆给人的厚重与"面具"的印象。需要注意底妆一般会使用颜色接近本人肤色的粉底液。

01 保湿。对面部进行补水和保湿，仔细观察模特的脸部轮廓及五官特征。

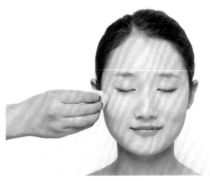

02 打底。选择颜色接近肤色的粉底液，对面部进行仔细涂抹。注意眼睛周围、鼻翼、嘴唇周围等部位一定要涂抹到位。

03 遮瑕。用遮瑕膏遮盖瑕疵和黑眼圈。黑眼圈的遮盖技巧为选择遮瑕膏或比底色略浅一号的粉底膏进行遮盖。若是黑眼圈发青，需选择橙色遮瑕膏进行遮盖。先取适量的遮瑕膏，将其涂抹于眼袋处，再用刷子或手指将其轻轻揉开，切忌涂抹过厚。

04 定妆。选择合适色号的蜜粉进行定妆，尤其注意T区、鼻翼、眼周、嘴角等地方，需要仔细涂抹。建议使用蜜粉刷定妆，这样能让整个妆面更轻薄。

05 画眼影。用眼影刷蘸取淡色系的眼影，从睫毛处开始向上涂抹。注意眼影晕染要自然，且表现出层次感。

06 画眼线。用眼线笔从睫毛根部开始描画，重点强调内眼线。将睫毛的根部填满，这样可与眼影衔接得更加自然。

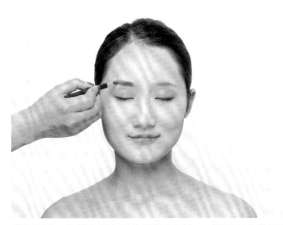

07 画眉。选择合适色号的眉粉或眉笔，对眉毛缺失的部分进行仔细描画，重点在于突出眉毛的自然流畅感。

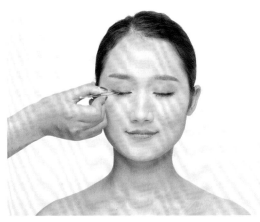

08 处理睫毛。先用睫毛夹将睫毛夹翘，粘贴假睫毛，然后以Z字形从睫毛的根部涂刷睫毛膏。涂刷时需要仔细，确保最终睫毛效果浓密自然、根根分明。

09 画腮红。采用少量多次的方式在颧骨处涂抹腮红，且晕染要自然。此时，根据模特的脸形及妆色决定选用腮红的色系及涂抹形状。

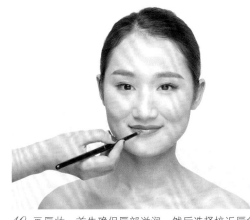

10 画唇妆。首先确保唇部滋润，然后选择接近唇色的唇膏用唇刷进行涂抹。涂抹时需仔细，确保唇色饱和，唇部干净完整。

11 检查。确保面部干净、眉毛对称，操作完成。

 tips

涂抹腮红时，除了要根据妆色来选用合适颜色的腮红外，其涂抹方法也应根据模特的脸形特点而有所区分。例如，模特的脸形为方形脸，则应以斜扫方式涂抹腮红；若模特的脸形为长形脸，则应以横扫的方式涂抹腮红。涂抹腮红时，切忌一次性涂抹过多，应采用少量多次的方式涂抹，以确保腮红自然柔和。

● 职业妆

正规的公司或者企业都有自己的企业文化和团队形象，而公司员工的形象是企业形象最好的体现之一。在化妆造型中，与生活造型相比，职业造型有着特定的着装条件及要求。例如，制服配备基本是衬衫、西装或者短裙，再搭配一双干净的皮鞋或高跟鞋；妆面以淡妆为主，发型要干净整齐；整体造型颜色大多选用黑白灰等。

一般的职业妆必须具备实用性，符合典雅端庄、成熟稳重、大方自然的要求。但实际上，不同的职业有不同的造型特点。一般将职业妆造型分为特定职业妆和时尚职业妆两种。特定职业妆一般适用于空姐、银行职员或者其他有特定要求的职业等；时尚职业妆一般适用于从事时尚行业的人员，如广告公司职员、时尚杂志编辑等。

特定职业造型特点

特定职业造型一般根据企业的文化形象来确定服装、发型、妆面等，具有极大的统一性和专业性。

服装方面：一般都是统一的黑白灰系列的职业服装，而且建议穿有领有袖的套装，原则是应优先体现其专业形象。

妆容方面：以精致、大方、端庄的妆容为宜，一般眼影颜色较单一。

发型方面：长发宜绾起，也可披发，但最好将长发拢在耳后，头发的颜色不宜太过夸张。

时尚职业造型特点

时尚职业造型可以按照个人的意愿及审美来进行塑造。它具有极大的随意性和选择性，一般根据不同职业和不同工作场合来做适当调整和改变。

服装方面：可根据自身体型的特点搭配服装，一般选择干练的连体装或套装包裙等。原则主要为能体现个人风采、端庄大气。

妆容方面：根据自己的五官及形象特点，塑造出精致、清新的妆容，且妆色不宜过浓。

发型方面：根据脸形及整体造型的需要来打造相应的发型。

01 打底。选择颜色与肤色相近或浅一号的粉底（粉底液或者BB霜皆可），将其均匀地涂抹于面部，不宜涂抹得过厚，要使底妆薄、透、实。

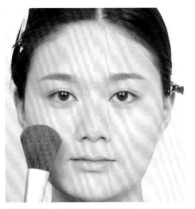

02 定妆。用粉扑蘸取蜜粉，在脸部轻轻揉开，同时采用局部定妆的方法在面部T区涂抹。将余粉涂抹在眼部及其外轮廓上，确保妆底自然、通透。

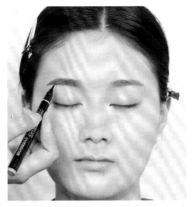

03 画眉。选择合适的眉笔，从眉头开始描画，确保线条自然流畅。眉毛可适当加粗，眉色要自然、柔和。

04 画眼影。选择淡色眼影，晕染上眼睑，注意晕染要自然，且体现出层次感。

05 画眼线。用眼线笔紧贴睫毛根部开始描画，注意需将内眼线涂满，同时保持线条流畅、颜色柔和。

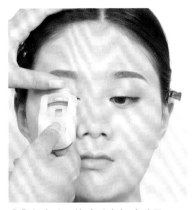

06 夹睫毛。使睫毛夹与睫毛呈45°角，将睫毛从根部到中部再到睫毛尖分三段夹翘。

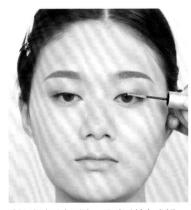

07 涂睫毛定型液，让睫毛持久卷翘。

08 紧贴睫毛的根部粘贴自然型假睫毛。然后以Z字形方式从睫毛根部开始涂睫毛膏，使睫毛根根分明。

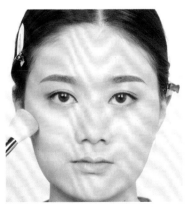

09 画腮红。选用与妆容颜色相协调的腮红，将其涂抹于面部。注意将腮红晕染自然，着重体现职业女性的成熟稳重、健康自信。

10 画唇妆。选择与妆容颜色相协调的口红，将其涂抹于唇部。涂抹时需仔细，确保唇色自然，唇部饱满。

11 用玉米须夹板将顶区的头发烫卷，使顶区更加饱满。

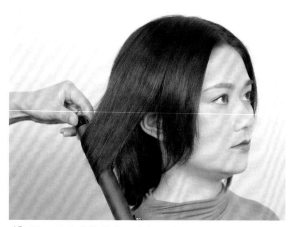

12 用25号卷发棒将发尾内扣烫卷。

13 整理细节，造型完成。

三、新娘类妆容

新娘类妆容在整个化妆市场中所占比例较高，这类妆容是化妆造型师需要掌握的基本妆容之一。

1.接单流程

第1步：了解项目

第2步：确定项目的价格

第3步：试妆，确定妆容、服装、饰品等

第4步：确定化妆师和摄影师

第5步：确定化妆时间及地点

2.沟通

第1点：与客人沟通，了解新娘礼服的套数和风格，确定相应的造型，确认是否换造型。

第2点：与客人沟通新郎服装的套数，是否换装，是否有伴娘妆、妈妈妆等。

第3点：与客人沟通是否需要试妆，试妆一般要加收一定的费用。与新娘进行充分的沟通，同时了解及观察其外貌特征，如脸形、肤色、发色等，以便结合新娘的自身条件及特定要求设计造型。

第4点：与客人沟通做造型时是否需要指甲油、假睫毛、假发、发饰等，如需要使用则需要另外收费。鲜花一般由新娘自备。

第5点：与客人沟通，了解婚礼当天的流程，确定化妆的时间和地点，如在外地举行婚礼则需要另加费用（车费一般报销）。

第6点：婚礼前一天与客人再次沟通并确定早妆时间。

第7点：提前与客人沟通，若饰品损坏需要赔付等事宜，一般全新需要照价赔付，旧物需要赔付的金额为30~50元不等。

第8点：提前与客人沟通，如果新娘单方面取消跟妆，定金不予退还。

3.签单后的工作

第1点：提醒新娘睡前少喝水。

第2点：提醒新娘前一天要清洗头发，吹干后再睡。

第3点：提醒新娘婚前15天不要剪发。

第4点：提醒新娘少吃辛辣刺激性食品及油炸类食品。

第5点：提醒新娘可提前敷补水面膜。

第6点：跟妆前一天，化妆造型师需检查化妆工具及材料，向客人最后确定化妆时间和地点。

4. 实例演练

● 唯美清新新娘

01 打底。先用护肤品涂抹脸部，确保皮肤滋润；然后选择粉色系粉底膏，将其涂抹于脸部。要求在遮瑕的基础上做到使底妆轻、薄、透。

02 定妆。用蜜粉刷蘸取粉色珠光蜜粉，将其涂抹于面部，尤其注意眼部周围、鼻翼、嘴角等有褶皱的地方，需要仔细涂抹。确保定妆到位，让妆面达到通透且富有光泽的状态。

03 画眼影。用眼影刷蘸取浅粉色珠光眼影，晕染上眼睑。注意对内眼角和眼影边缘线的处理，确保眼影自然柔和，不能有明显的分界线。

04 画眉毛。根据新娘脸形的特点来确定眉形。选择与新娘眉色相近的棕色眉笔，从眉头开始描画，保持线条自然流畅，眉色自然柔和。

05 画眼线。用眼线笔紧贴睫毛根部仔细进行描画，注意内眼睑需涂满，避免留白。同时，保持眼线的线条自然流畅，颜色柔和。

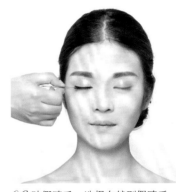

06 贴假睫毛。选择自然型假睫毛，将假睫毛的根部涂满睫毛胶，然后紧贴睫毛根部进行粘贴，可以以多层粘贴的方式让眼睛更出彩，同时注意真假睫毛要衔接自然。

07 画腮红。用腮红刷蘸取粉色系腮红，以斜扫方式将其涂抹于面部，注意晕染自然。要着重体现新娘知性、温婉的气质及红润的气色。

08 画唇。首先确保唇部滋润到位，然后选用粉色系口红，将其涂抹于唇部，再将唇蜜在唇部中央点染开。涂抹时需仔细，确保唇色饱和自然，唇线干净完整。

09 用小号卷发棒从发根开始把头发烫卷。然后把烫好的头发分为侧发区和后发区。

10 将右侧发区的头发采用拧绳手法处理，然后适当做抽丝拉松处理。

11 将拧好的头发固定在后发区，同时注意隐藏发卡。

12 将后发区右侧的头发采用拧绳手法处理，然后适当抽丝拉松。

13 将拧好的发辫逐条固定在后发区。固定时，注意头发之间要衔接自然，随时做调整。

14 将后发区的头发整理成干净的发髻，同时注意调整头发的饱满度。

15 将左侧发区的头发同样采用拧绳手法进行处理，然后抽丝拉松。

16 将发髻抽松。

17 将左侧发区的头发拧成的发辫盘绕在发髻上。调整发型，把多余的发丝整理干净，操作完成。

 tips

　　拧绳时，要确保发辫松紧有度，适当抽丝后将其固定。固定时，需注意观察整个发型的形状及弧度，适当进行调整。发型塑造完成后，需将左右鬓角处的头发自然露出，以展现出唯美感。

● 端庄典雅新娘

01 上底妆。选择与模特肤色相近或者是比模特肤色亮一度的粉色系粉底膏，将其涂抹于脸部。要求在遮瑕的基础上使底妆轻、薄、透。

02 定妆。选择粉色珠光系列蜜粉进行面部定妆，使妆面通透、有光泽。

03 画眉。选择与模特眉色相近的棕色眉笔，勾勒眉形。注意眉形要自然，眉色不可太深。

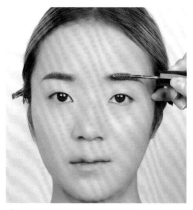

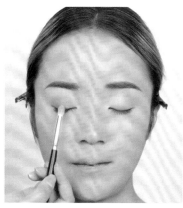

04 用浅色染眉膏淡化眉色。

05 用浅色眼影进行眼部打底，保证眼部干净。

06 画眼影。选择橘色系珠光眼影，晕染上眼睑。

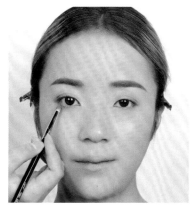

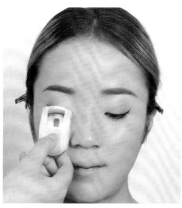

07 选择橘色系珠光眼影，晕染下眼睑的外眼角处。

08 画眼线。紧贴睫毛根部描画眼线，注意眼线的流畅度，内眼线不能留白。

09 夹睫毛。用睫毛夹紧贴睫毛根部将睫毛夹翘。

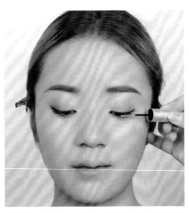

10 涂睫毛定型液，让睫毛长时间保持卷翘状态。

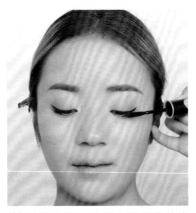

11 涂睫毛膏，注意少量多次地涂抹，避免出现"苍蝇腿"。

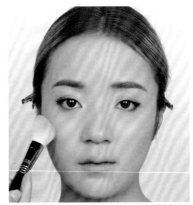

12 画腮红。选择橘色系腮红，以斜扫的方式晕染腮红。

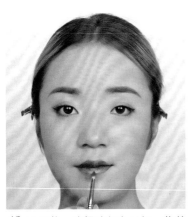

13 画唇妆。选择玫红色口红，将其涂抹于唇部。

14 用19号卷发棒从头发根部开始将头发烫卷。

15 将头发分成前后两个区，将后区的头发扎成一条高马尾。

16 将高马尾最上层的头发掀起并固定。

17 将高马尾剩余的头发分片倒梳。

18 将高马尾最上层的头发放下，使其包裹住倒梳后的头发，形成一个发包。

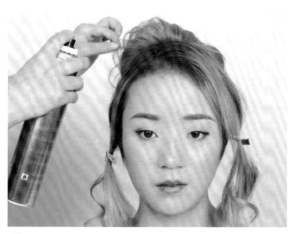

19 在发包表面进行抽丝处理，并喷发胶定型，注意纹理感的体现。

20 将前区右侧的头发用拧转的手法处理，将发尾固定在发包底部，并对发尾进行抽丝处理。

21 前区左侧的头发采用与右侧相同的手法处理。

22 在前额处分出一缕发丝，用螺旋刷蘸取啫喱进行湿推处理，摆出波纹，以修饰脸形。

23 戴上饰品，造型完成。

tips

使发型纹理清晰、干净的3个小技巧：

（1）头发一定要从根部用小号卷发棒烫卷。

（2）在固定头发时，需用手指进行归拢整理，不要用梳子。

（3）在用手指整理头发时，边整理边喷发胶定型，还可用发卡以竖卡的方式固定头发，定型后将发卡取下。

● 高贵复古新娘

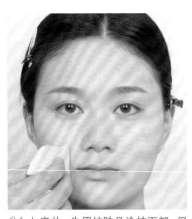

01 上底妆。先用护肤品涂抹面部，保持皮肤滋润。然后选择与新娘肤色相近或者比新娘肤色亮一度的粉色系粉底，将其涂抹于脸部，要求在遮瑕的基础上使底妆轻、薄、透。

02 定妆。用蜜粉刷蘸取粉色珠光蜜粉，将其涂抹于面部，眼部周围、鼻翼、嘴角等有褶皱的地方需要仔细涂抹。

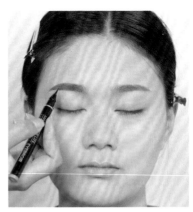

03 画眉。选择棕色眉笔，从眉头开始描画。注意眉底线需干净、清晰，眉毛的线条要自然、流畅，眉色要自然、柔和。

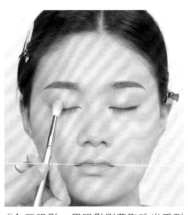

04 画眼影。用眼影刷蘸取珠光系列的粉色眼影，晕染上眼睑，注意晕染要自然，不能有明显的分界线。

05 在眼尾叠加橘红色眼影，以增强眼影的层次感。

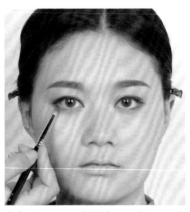

06 用橘红色眼影晕染下眼睑。

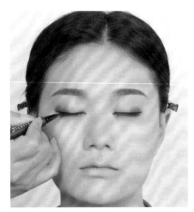

07 紧贴睫毛根部描画眼线。注意眼线的线条要流畅，内眼线不能留白。

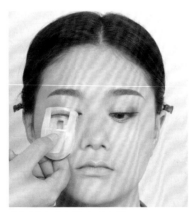

08 用睫毛夹将睫毛夹翘。

09 粘贴假睫毛。选择自然型假睫毛，紧贴着睫毛根部粘贴，可以粘贴多层。

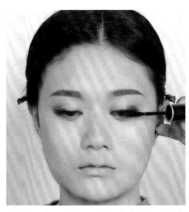

10 刷睫毛膏，让真假睫毛结合在一起。

11 画腮红。选择橘红色腮红，以斜扫的方式晕染，以增强妆容的立体感。

12 选择橘红色口红，涂抹唇部，打造性感的唇妆。

13 将头发分成3个区：左侧区、右侧区和后区。

14 将后区的头发用玉米须夹板夹蓬松，使后区更加饱满。

15 将后区的头发在后发际线处扎起。

16 将扎起的头发拧转后固定到左侧，将碎发收干净。

17 用25号卷发棒将左侧区和右侧区的头发分片烫卷。

18 在后区佩戴复古蕾丝纱帽。

19 将右侧区的头发根据烫卷的弧度用定位夹固定，撑起发根。

20 根据头发烫卷的弧度摆出第一个波纹，用定位夹固定。

21 用同样的手法摆出第二个波纹，用定位夹固定。

22 左侧区的头发采用与右侧区同样的手法处理。

23 佩戴其他发饰和肩纱，造型完成。

● 中式古典新娘

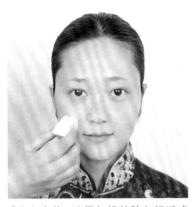

01 上底妆。选择与模特肤色相近或者是比模特肤色亮一度的粉色系粉底，将其涂抹于脸部，要求在遮瑕的基础上使底妆轻、薄、透。

02 定妆。选择粉色系珠光蜜粉进行定妆，使妆面通透、有光泽。

03 画眉。选择与模特眉色相近的眉笔，勾勒眉形。注意眉形要自然，眉色不可太深。

04 画眼影。选择珠光系列的橘色眼影，晕染上眼睑。

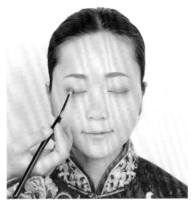

05 选择红色眼影，加重眼尾处的颜色，注意红色眼影与橘色眼影衔接要自然。

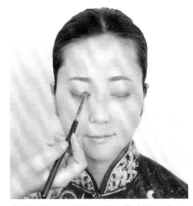

06 选择白色珠光眼影，提亮内眼角。

07 选择红色眼影，在下眼睑的外眼角处晕染。

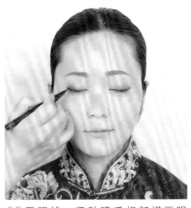

08 画眼线。紧贴睫毛根部描画眼线。注意眼线的线条要流畅，内眼线不能留白。

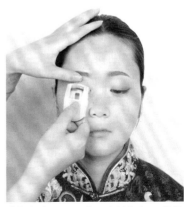

09 夹睫毛。用睫毛夹从根部开始将睫毛夹翘。

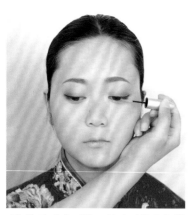

10 涂睫毛定型液，使睫毛持久保持卷翘的状态。

11 粘贴假睫毛。选择自然型假睫毛，紧贴着睫毛根部粘贴，可以粘贴多层。

12 涂睫毛膏，让真假睫毛结合在一起。

13 画腮红。选择粉色系腮红，以斜扫的方式晕染。

14 画唇妆。选择红色唇彩，塑造唇形。

15 妆容完成效果展示。

16 将头发分成3个区：左侧区、右侧区和后区。

17 将后区的头发扎成一条高马尾。

18 用25号卷发棒将马尾分片烫卷。

19 取马尾最上层的头发，向上掀起并固定。

20 对固定好的发片进行倒梳，然后向下折并将表面梳理干净，形成一个卷筒。

21 从马尾剩下的头发中取发片，做成卷筒并固定。

22 将马尾剩余的头发都分片并做成卷筒，注意卷筒的摆放要错落有致，保持表面光滑，喷发胶定型。

23 将发尾摆放至合适的位置，用定位夹固定好，然后喷发胶定型。

24 用25号卷发棒将左侧区和右侧区的头发烫卷。

25 将右侧区的头发斜分成两部分，上半部分的头发采用拧转的手法处理并固定。

26 采用同样的手法处理右侧区下半部分的头发。

27 将右侧区头发的发尾合在一起，编成三股辫。

28 将三股辫绕后区的卷筒一圈并固定。

29 左侧区采用与右侧区同样的手法处理。

30 佩戴头饰，造型完成。

四、彩妆创作

彩妆经常出现在服装、彩妆产品等的宣传册上，还会出现在创意发型、创意艺术、摄影艺术等作品中。

1. 接单流程

第1步：了解项目意图

第2步：了解并确定项目价格

第3步：合同拟定（一般主办方会给承办单位拟定演出合同条约）

第4步：脚本设置（合同拟定后，主办单位会给承办单位一些定妆照及脚本）

第5步：承办方在收到定妆照后，应根据定妆照做相应的造型准备，另外确定是否需要承办方准备服装、首饰等

第6步：出设计稿（确定妆容、服装的要求）

第7步：敲定角色（化妆造型师最好参与角色的选定，以便更加清楚地了解角色的需求）

第8步：选模特（化妆造型师必须参与模特的择选，了解和掌握模特的基本情况）

第9步：试妆（进行初步试妆，检查妆容是否合适，有没有需要修改的地方，及时做出调整）

第10步：修改及调整，解决试妆中出现的问题，最终确定妆容、服装及饰品等

第11步：实际操作

第12步：后期及现场配合

2. 沟通

第1点：与主办方沟通造型的要求。

第2点：与主办方沟通，了解活动现场的环境、场地情况，从而调整模特的妆容色彩。

第3点：与主办方沟通好相关事项，如行、食安排等。

第4点：了解当日活动的拍摄流程，确认是否需要与摄影师进行沟通。

3. 签单后的工作

第1点：活动完毕，应与主办方走完最后的流程。

第2点：做好善后工作，确定是否需要留1名或2名化妆师在现场补妆或改妆。

第3点：与主办方确认下一步的合作流程。

4. 实例演练

● 彩妆产品类妆面

01 打底。先用护肤品涂抹面部，给皮肤补水、保湿，保持皮肤滋润。然后选择与模特肤色相近或者比模特肤色亮一度的粉色系粉底膏，将其涂抹于脸部。要求在遮瑕的基础上做到使底妆轻、薄、透。

02 定妆。用蜜粉刷蘸取粉色珠光蜜粉，涂抹于面部，尤其注意眼部周围、鼻翼、嘴角等有褶皱的地方，需要仔细涂抹。确保定妆到位，让妆面达到通透且有光泽的状态。

03 画眼影。用眼影刷蘸取白色眼影涂抹眼部，对眼部进行基本结构的塑造。

04 选用紫色珠光眼影，对眼尾进行晕染，注意使紫色眼影与白色眼影衔接自然。

05 选用明黄色眼影，在内眼角处进行涂抹与提亮，涂抹时注意控制涂抹范围。

06 选用蓝色眼影，在下眼睑的外眼角处进行晕染，晕染时注意控制眼影的范围。

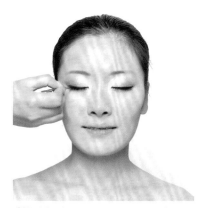

07 贴假睫毛。选用自然型假睫毛，在假睫毛的根部涂满睫毛胶，然后紧贴睫毛根部进行粘贴。可以多层粘贴，让眼睛更出彩，同时注意真假睫毛需衔接自然。

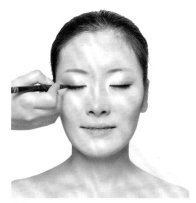

08 画眼线。用眼线笔紧贴睫毛根部描画眼线，注意眼线需自然流畅。另外，需将内眼线填满，不可留白。

09 画眉毛。需要根据新娘的脸形特点确定眉形。选择与模特眉色相近的棕色眉笔，从眉头开始描画，保持线条自然流畅，眉色自然柔和。

10 画腮红。用腮红刷蘸取粉色系腮红，以斜扫方式将其涂抹于面部，注意与下眼影衔接自然。

11 画唇。首先确保唇部滋润，然后选用粉色系的口红涂抹唇部，再将唇蜜在唇中央点染开。涂抹时需仔细，确保唇色饱和自然，唇线干净完整。

● 彩妆新娘

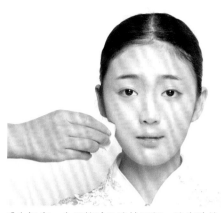

01 打底。先用护肤品涂抹面部，给皮肤补水、保湿，保持皮肤滋润。然后选择与模特肤色相近或者比模特肤色亮一度的粉色系粉底膏，涂抹脸部。要求在遮瑕的基础上做到使底妆轻、薄、透。

02 定妆。用蜜粉刷蘸取粉色珠光蜜粉，涂抹面部，尤其注意眼部周围、鼻翼、嘴角等有褶皱的地方，需要仔细涂抹。确保定妆到位，让妆面达到通透且富有光泽的状态。

03 画眼影。用眼影刷蘸取粉色珠光眼影，进行眼部基本结构的塑造。

04 选用玫红色珠光眼影，塑造眼部的结构。

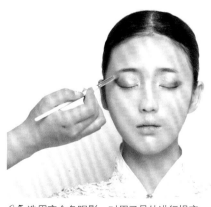

05 选用亮金色眼影，对眉弓骨处进行提亮。

06 选用橘色眼影，晕染下眼睑的外眼角，晕染时注意控制眼影的范围。

07 画眉毛。选择与模特眉色相近的灰色眉笔，从眉头开始描画，线条要流畅，眉色要自然柔和。

08 画眼线。用眼线笔紧贴睫毛的根部描画眼线，注意眼线需自然流畅，颜色柔和。同时需将内眼线填满，不可留白。

09 贴假上睫毛。选用自然型假睫毛，在假睫毛根部涂满睫毛胶，然后紧贴上睫毛根部进行粘贴。可以多层粘贴，让眼睛更出彩，同时注意真假睫毛需衔接自然。

10 将假睫毛剪成单束，调整其长短及形状，分束粘贴于下睫毛处。

11 画腮红。用腮红刷蘸取粉色系腮红，以斜扫方式将其涂抹于两颊。注意腮红要与下眼影衔接自然。

12 画唇。首先确保唇部滋润，然后选用裸色系唇彩，涂抹唇部。涂抹时需仔细，确保唇色饱和自然，唇线干净完整。

13 将头发分为后发区和刘海区。将后发区上半部分的头发扎成高马尾，并将高马尾在扎结处盘成一个发髻。然后将后发区剩余的头发全部从根部烫卷。

14 将刘海区右侧的头发烫成玉米须状，让头发更加蓬松。

15 将刘海区右侧上半部分的头发采用三加二的手法编发。注意编发时要使发辫保持松紧有度。

16 刘海区右侧下半部分的头发编成三股辫。

17 将刘海区右侧编好的辫子盘起，注意倾斜角度及形态的调整。

18 将后发区下半部分的头发全部用手指归拢于发髻处并固定，注意隐藏发卡。归拢后，注意发丝的纹理需干净、清晰。

19 将刘海区左侧的头发也归拢至发髻处，调整发型的形状及其饱满度。　*20* 佩戴发饰，操作完成。

整个发型完成后，注意刘海部分的辫子与后发区的发髻需自然衔接，同时注意后发区发髻的饱满度及线条感。

五、风尚男妆

随着社会的不断发展，男性对外在形象的要求不断提高，男妆开始流行。

1. 风尚男妆应用范畴

人们越来越注重对自身形象进行改造，除了女性造型外，男士形象包装也开始流行。下面来介绍风尚男妆的应用范畴。

影楼个性写真

风尚男妆在影楼个性写真中运用最多，一般应用在男士个性写真、婚纱照、情侣照中。这些场合主要要求修饰和美化男士的外貌，修饰肤色和发型，并搭配恰当的服装。影楼的风尚男妆注重妆容自然。

杂志广告拍摄

杂志广告对于风尚男妆的要求更严格一些。一般要求妆容非常精致，它除了需要对模特面部肤色及肤质进行调整之外，还要对人物的五官进行精心修饰，眉妆与眼妆的刻画至关重要。另外，对于打理发型、搭配服装及选择配饰等的要求都会非常严格。

电影拍摄中的"女扮男妆"

电影拍摄中，有时会遇到"女扮男妆"的情况。打造此类造型时，不需要太过于注重男妆的特点及形式，应更多地考虑其美观度，而不是仿真度。

2. 男士着装风格讲解

在男士服装搭配中，简单、干净是基本原则，基本风格有英伦风、休闲风、朋克风和绅士风等。下面来简单介绍不同类型男士的外貌特征和服装搭配技巧。

戏剧型

外貌特征：戏剧型男士有高大的体形、宽阔的肩膀及棱角分明的脸形。

服装搭配：宜选择饱和度高、有冲击力的色彩，选用摩登、舞台感强的时尚服装。

自然型

外貌特征：体形和五官没有明显倾向，但能让初次见面的人觉得这种类型的人很随和，即亲和力强。

服装搭配：宜选择柔和的色彩，适合同类色搭配，适合选用带有花纹、格子、几何图案等纹样的面料。

古典型

外貌特征：体态匀称，五官端正，给人以端庄、稳重的感觉。

服装搭配：适合同一色彩搭配，宜选用高级、挺括、手感细腻的面料。

前卫型

外貌特征：身形较小，但身体各部分比例匀称，且五官特征有个性。

服饰搭配：宜选择时尚的对比色搭配的服装。

浪漫型

外貌特征：身材匀称，身形较高，有标致的五官，且眼神温柔。

服饰搭配：宜选用较华丽、饱和度较高的色彩，选用光泽感强且手感细腻的面料。

3. 风尚男妆造型演练

造型要点：妆容自然，且符合TPO原则。

01 打底。选择合适的粉底（通常要选与本身肤色相近或较深的颜色），仔细涂抹于脸部。

要注意场合的需要，偏干性的皮肤要选用含水量较高的粉底液，偏油性的皮肤则选用中性的干粉底。擦粉底多用轻拍手法，粉底要薄。若是女扮男妆，则需要选择颜色较深的粉底。

02 画眉。"浓眉大眼"是男性的特点，男性的眉毛大多很浓密。画眉时，可多采用"补"的手法，让眉毛看起来均匀、平整，眉形选择刀眉或者剑眉均可。刀眉给人阳刚、帅气的感觉；剑眉就是在一字眉的基础上有个明显的眉峰，像剑一样，这也是男性的标准眉形。画眉毛时，需要根据眉毛的生长方向描画，描画完后，注意确保两边的眉毛对称。

03 画眼妆。眼睛有神才会迷人，所以眼部修饰是男妆的重头戏。在睡眠不足而导致眼睛疲惫时，用灰褐色或黑色眼线笔淡淡地勾画眼线，即可起到提神、明目的作用。同时，在睫毛根部还可以涂抹一点点咖啡色眼影，理顺睫毛，可适当用睫毛膏定型。画完眼妆后，要检查是否有粉粒残留在睫毛和眉毛上，要清理干净。

04 画鼻侧影。鼻侧影可以增强面部的立体感。画鼻侧影时，需采用少量多次的方式进行晕染。鼻侧影与眉毛之间的衔接需自然柔和，根据需要可适当加深鼻侧影。

05 画唇。保持唇部滋润，然后将自然裸色唇膏涂抹于唇部。涂抹后，保持颜色自然柔和，切忌太红润、太亮。

06 修容。用修容刷修饰面部轮廓，使高光与阴影衔接自然，避免妆容显得不自然。

07 检查。检查妆面是否干净完整，适当做出调整和修改，操作完成。

对男士的脸部进行修容调整时，切忌一次性将修容粉涂抹过多，应以少量多次的方式涂抹，以确保自然柔和。若颧骨太高，切忌将阴影涂抹得过大、过深，而应适当调整高光的范围，然后进行合理修饰，以弥补颧骨过高的缺陷。

4. 男人"须"体面

胡须是男子用以表现自己的气质、个性和独特风度的一种标志，但是这需要精心地打理与呵护，否则会显得邋遢、脏乱。如何护理自己的胡须，让胡须看起来更有魅力，是本部分的重点。

胡须的基本形状及种类

一字胡：在上唇上方，呈一字形状的胡须。

八字胡：在上唇上方，呈八字形状的胡须。

络腮胡：从左下颌到右下颌呈全包式形状的胡须。

山羊胡：在下巴上呈束状的胡须。

留胡须的注意要点

要点1：留胡须之前，一定要审视自己的脸形。

要点2：不同的下巴适合不同的胡须造型。例如，下巴尖的脸形，不适合留山羊胡，因为山羊胡的造型会使下巴显得更尖；而人中短的人不宜留上唇胡，因为上唇胡会使人中显得更窄、更短。

修剪胡须的注意要点

要点1：胡须清洁一定要彻底。留胡子的男士要注意胡须的保养和清洁，一定要每天认真地清洗胡子，以免灰尘等污染胡须及其根部的皮肤。

要点2：蓄须者在进行胡须护理时需备有专业的梳剪。

要点3：修剪胡须时，忌直接拔出，否则容易伤到皮肤并引起感染。

要点4：切忌与他人共用剃须刀，否则容易交叉传染疾病。

修剪胡须的步骤

第1步：在沐浴后或者洁面后进行剃须（因为温水可以让毛发吸饱水分，从而变得柔软而容易剃除）。

第2步：使用剃须膏或剃须啫喱膏，按胡须生长的反方向进行涂抹，且不宜一次性使用太多，然后顺着须发生长的方向反复修刮。

第3步：护理修剪后的皮肤。用收敛水收缩毛孔，涂抹乳液或滋润产品，以确保胡须部位的皮肤得到充分的滋润。

第4步：剃须刀在使用后应用热水冲洗，或在水龙头下彻底冲净再收纳起来。一般建议在使用2~4周后更换刀片。

09

基础发型技法及造型运用

一、发型工具及其使用方法

在化妆造型中，发型起着非常重要的作用。发型塑造手法颇多，同时其需要使用的工具种类也很多，因而难以掌握。下面介绍几种发型工具及其使用方法。

1.梳子类

● 尖尾梳

作用：有梳理发片、挑发片及分发的功能，是造型中的重要梳具之一。

使用方法：握住梳子尖尾部分使用即可。

● 包发梳

作用：能梳开、理顺缠在一起或打结的头发，同时还能消除不伏贴的头发的静电，使头发具有光泽感，且易定型。

使用方法：握住梳柄使用即可。

● 小包发梳

作用：能梳开、理顺缠在一起或打结的头发，且方便梳理小片头发。

使用方法：握住梳柄，使梳毛与发片垂直使用。

● 排骨梳

作用：主要在吹头发时使用。可以令吹过的头发线条感更强，也方便在吹发时控制好头发的角度。

使用方法：握住梳柄，将梳子保持与头发方向保持平行状态使用。

2. 夹板

● 直夹板

作用：将杂乱或者是有卷度的头发夹直。

使用方法：将头发分成薄发片，分层夹烫并提拉即可，可对发片进行反复多次夹烫。

● 玉米须夹板

作用：可使发量少的头发显多，使头发产生蓬松的效果。

使用方法：将头发分成薄发片，然后从发根一段一段地夹住发片，再慢慢地往发梢处夹。

3. 卷发棒

● 9~13号卷发棒

作用：烫出的卷很细，一般用于夸张、蓬松的造型。

使用方法：用手将头发分成发片，再理成发束，轻轻卷到卷发棒中间的加热位置，停顿3~8秒（根据头发发质的软硬，可适当缩短或延长停留的时间）后，再向下轻轻地滑动卷发棒。滑动后，用手托住已经夹卷的部分，再让卷发棒慢慢往下滑，直至整条发束卷烫完成（使用卷发棒时请小心，以免被烫伤）。

● 19~25号卷发棒

作用：适合常用造型，一般用于新娘发型、夜场发型等的打造，烫出的发卷卷度适中。

使用方法：用手将头发分成发片，再理成发束，轻轻卷到卷发棒中间的加热位置，停顿3~8秒（根据头发发质的软硬，可适当缩短或延长停留的时间）后，再向下轻轻地滑动卷发棒。滑动后，用手托住已经夹卷的部分，再让卷发棒慢慢往下滑，直至整条发束卷烫完成（使用卷发棒时请小心，以免被烫伤）。

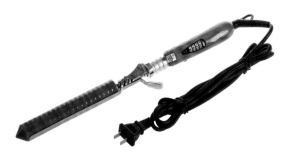

● 28~38号卷发棒

作用：用于生活造型，烫出的卷很自然，卷度较大。

使用方法：用手将头发分成发片，再理成发束，轻轻卷到卷发棒中间的加热位置，停顿3~8秒（根据头发发质的软硬，可适当缩短或延长停留的时间）后，再向下轻轻地滑动卷发棒。滑动后，用手托住已经夹卷的部分，再让卷发棒慢慢往下滑，直至整条发束卷烫完成（使用卷发棒时请小心，以免被烫伤）。

4.钢夹类

● 发卡

作用：在长发造型中，发卡起固定头发的作用。

使用方法：用右手将发卡打开，转动发卡，调整好拇指和食指的握夹位置，以便灵活使用发卡。

● U形卡

作用：主要用来暂时固定头发，常配合发卡使用，还可以用来改变发束及发尾的方向。

使用方法：左手压紧发束，U形卡方向向左；U形卡向左下方插入发束少许；然后转动U形卡的方向，以与原来相反的方向插入发束。

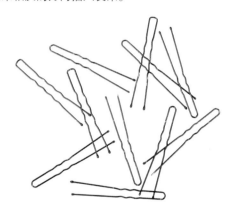

● 鸭嘴夹

作用：用于头发分区时暂时固定头发，或者用于固定手推波纹的形状。

使用方法：直接夹住头发即可。

● 鳄鱼夹

作用：用于头发分区时暂时固定头发。

使用方法：直接夹住头发即可。

5. 橡皮筋

作用：用于捆绑头发。

使用方法：直接交叉套牢，直至橡皮筋松紧适宜即可。

6. 定型产品

● 发胶

作用：固定头发，增强发根的支撑力，改变头发方向。

使用方法：喷嘴与头发保持一定的距离，斜向上喷，令头发表面所受发胶量均匀。

● 啫喱

作用：啫喱是一种发用凝胶，一般用于处理碎发。将啫喱涂抹在头发所需部位，可以起到定型、保湿、调理并增加头发光泽的作用。

使用方法：将啫喱均匀地涂抹于头发毛糙的地方，或者需要定型的地方。

● 发蜡

作用：发蜡是一种凝胶状或半固体状的油脂，能够固定发型，使头发亮丽、有光泽，属改良性发胶。发蜡主要分为高光发蜡和亚光发蜡两种，可以防止头发毛糙，改善自然卷，提升头发的光泽度，也可用于固定发型。

使用方法：蘸取适量发蜡，用手掌揉均匀，再用双手将头发抓出自己想要的大概造型，然后用手指打理形状，最后喷上定型胶水即可。切忌一次性蘸取过多发蜡，可采用少量多次的方式使用。

7. 吹风机

作用：吹风机主要用于吹干头发和改变造型。

使用方法：插上电源，按至所需档位即可。

二、编辫技法及造型运用

1. 概述

　　麻花辫是打造田园气息造型的代表，也是邻家女孩的典型形象之一。一般女生对辫子都是情有独钟的，辫子的编法也是多种多样。一般编发最常用的是"三股辫""三加一辫"和"三加二辫"3种形式，而"四股辫""五股辫"等也是从中演变出来的。与此同时，不同发色打造出的辫子发型，可以给人不同的感受。对于黑发，麻花辫虽然纹理没有那么清晰，却可以传递出人物小家碧玉的感觉；而对于浅发，编发纹理能让头发更有层次感。

2. 打造的重点

　　第1点：编辫前，可在手部抹上发蜡或啫喱等能抚平碎发的产品，尽量让头发表面保持干净。

　　第2点：注意取发要均匀，过多或过少都会让编出来的辫子不够自然。

　　第3点：编辫时，可根据模特的脸形决定辫子的松紧度。脸形大的，辫子可松一些；脸形小的，则辫子可适当收紧。

3. 造型运用

01 将头发分成刘海区、侧发区和后发区。

02 用中号卷发棒将头发全部从根部夹卷。如果遇到模特发质较硬或较软时，可边夹卷边用定型产品定型，以保持头发的卷度。

03 将刘海区分为前后两个区，然后在后刘海区头发中取出一个发片。

04 将取好的发片均匀地分成3份，注意分发要均匀。然后采用1搭2、3搭1、2搭3，以此类推的方式，编成三股辫。

05 发辫编好，轻轻将辫子抽丝拉松，固定发尾。

06 把前刘海区的头发取出，均匀地分成3份。

07 将取出的头发用三加一的方式编好，用橡皮筋固定发尾，注意发丝纹理需干净、清晰。

08 将侧发区的头发同样编成三股辫，用橡皮筋固定发尾。

09 将后发区的头发扎成一个饱满而光滑的偏左侧的低马尾，低马尾位于距后发际线两指宽的位置。

10 将低马尾编成三股辫，将发尾固定。

11 将三股辫盘起来，将其作为发型的基点。盘发时注意隐藏发尾和发卡。

12 将后刘海区的辫子围绕发型的基点盘起，注意隐藏橡皮筋和发卡。

13 将前刘海区的辫子也绕着发型的基点盘起，同时也注意隐藏橡皮筋和发卡。

14 将侧发区的辫子绕着发型的基点盘起，注意调整发辫的位置。

15 调整整个发型的形状和饱满度，把碎发整理干净。最后戴上发饰，操作完成。

三、拧绳技法及造型运用

1. 概述

拧绳是指将两束头发像拧麻绳一样拧在一起的手法。用这个手法可使头发更有层次感，线条更加流畅。拧绳技法在头发不同区域使用，展现出来的效果也不尽相同，因此运用拧绳技法可延展出很多不同的发型。

2. 打造的重点

第1点：在拧绳前，一定要用卷发棒将每根头发都烫卷，而且要使用有柔亮效果的造型产品，这样拧出来的头发表面才会更加柔顺、有光泽。

第2点：注意取发要均匀，这样拧出来的头发才会更有层次感。

第3点：对于发尾比较干燥的头发，要尽量把发尾收起来，以免让发尾影响整个发型的质感。

3. 造型运用

01 用中号卷发棒将头发从根部开始夹卷，将烫好的头发分为刘海区、侧发区和后发区。

02 选取后发区右侧的一束头发，采用拧绳技法处理。拧绳时注意头发的光滑度。

03 将拧好的头发在后发区的左侧位置固定，固定时需隐藏发卡。

04 同样选取后发区左侧的一束头发，采用拧绳技法进行处理，将处理后的发辫固定在后发区的右侧。注意发辫之间需衔接自然。

05 侧发区和刘海区的头发用同样的手法进行处理。处理时，注意发辫的纹理需干净、清晰。

06 将拧好的头发固定在后发区，注意发辫之间的层次衔接，同时隐藏发卡。

07 整理后发区的头发，将其调整成光滑、干净的卷发状态。

08 调整发型的形状和弧度，将碎发整理干净，操作完成。

tips

拧绳时，注意保持发丝纹路干净、清晰。拧成的辫子不宜过紧，且固定时要隐藏发卡，固定之后需喷上适量发胶定型。

四、打结技法及造型运用

1. 概述

所谓打结就是将两股头发缠绕在一起，并在头发上做出各种样式。

2. 打造的重点

第1点：打结前，将头发从发根烫到发尾，因为亚洲人的头发发质普遍偏硬，烫过的头发会柔软一些。

第2点：在打结时，所取发量要尽量一致，这样打造出来的效果会更加有纹理感。

第3点：在打结时，尽量在每个发片上都抹上有柔亮效果的造型产品，再运用打结技法。

3. 造型运用

01 将烫好的头发分为刘海区和后发区，再将后发区的头发分为上、中、下3份。

02 将后发区3个部分的头发分别扎成干净、光滑的马尾，马尾之间尽量不留缝隙。

03 将上层的马尾均匀地分为两份。

04 将分好的两束头发打一个结，注意打结时应保持发束光滑、干净。

05 保持发结松紧有度，再打一个结。

06 将打好结的头发固定在后发区，调整形状。固定时注意隐藏发卡。

07 将中层的马尾均匀地分为两份，然后做打结处理。

08 将打好结的头发固定在后发区，固定时注意隐藏发卡。调整头发，注意发结之间要衔接自然。

tips

扎马尾时，需注意每个马尾的高度与位置，确保其自然衔接；打结时，要保证发结大小一致，松紧有度；固定时，需隐藏发卡。

09 将下层的马尾分成两份并打结。

10 将打好结的头发固定在后发区下方的位置。

11 后发区的头发全部打结并固定完成后，适当调整发型的弧度和形状。

12 将刘海区均匀地分为两份。

13 打好第一个结。打结时需要特别注意头发的光滑度，保持发结松紧有度。

14 在第一个结的基础上，打好第二个结。

15 将打好结的刘海区头发固定在头部左上方。注意前发区与后发区的发结需自然衔接，调整头发的弧度。

16 调整整个发型的形状和弧度，将碎发整理干净，操作完成。

tips

对头发进行打结处理前，需保持每束头发干净、顺滑。如果头发太毛糙，可涂抹适量的发油，使之柔顺。打结后，需使每个发结松紧一致，再固定成型；固定后，需注意整个发型的形状与弧度，做适当调整。

五、滚卷技法及造型运用

1. 概述

滚卷是指先将头发烫卷，再以打卷的手法打造发型。它可运用于多种发型中，如盘发等。运用滚卷的造型可使女人显得端庄大气且雍容华贵。

2. 打造的重点

第1点：先用卷发棒将头发均匀地烫卷，烫卷过程中可适量地喷上定型产品进行定型。

第2点：注意保持头发表面光滑，尽量不要有碎发。

3. 造型运用

01 将烫好的头发分为左侧区、右侧区、后区上部分和后区下部分。

02 把后区下部分的头发梳理干净，将其全部拧在一起。

03 把拧好的头发盘成一个小发包，作为发型的中心点。

04 将后区上部分的头发均匀地分成两份。

05 将分好的头发交叉固定在枕骨处，以提高头发的饱满度。交叉时，注意头发表面要光滑，尽量不要有碎发。

06 将后发区剩下的头发围绕中心点的小发包进行打卷处理，然后固定在小发包上。

07 将右侧区的头发表面梳理光滑，向后采用外翻卷的方式进行处理，然后将处理好的头发固定在中心点上，固定时注意隐藏发卡。

08 将左侧区的头发表面梳理光滑，同样采用外翻卷的方式进行处理，将处理好的头发固定在中心点上。

09 调整发型的整体形状和弧度，如有碎发，可用发蜡抚平。最后戴上发饰，操作完成。

六、包发技法及造型运用

1. 概述

包发是盘发时的常用技法之一，多出现于后发区，它能让后发区的头发显得更加饱满。包发技法经常与倒梳、抽丝等技法配合使用。包发技法只要使用合理，打造出来的效果也会很时尚。

2. 打造的重点

第1点：在包发时，一定要注意发型的饱满度。

第2点：在包发时，发包表面一定要光滑，尽量不要有碎发。

第3点：在固定发包时，注意隐藏发卡。

3. 造型运用

01 将头发分为前发区和后发区。

02 用中号卷发棒将头发全部从发根开始烫卷，直至发尾。

03 将后发区的头发扎成高马尾，确保头发表面光滑。

04 对高马尾进行平倒梳处理，让头发具有支撑力。平倒梳是指取薄发片，与头皮垂直，发片的宽度不能超过梳齿的宽度，然后进行倒梳处理。倒梳时注意，梳齿一定要穿透发片。

05 将高马尾倒梳后，呈现出发量增多且饱满的效果。

06 将倒梳后的马尾向上提，将马尾表面梳理光滑。

tips

　　倒梳头发时，需分束并层层均匀地进行，使头发蓬松。滚卷时，需将发卷表面梳理光滑，使头发纹理清晰。

07 采用滚卷的方式将高马尾卷成发包。

08 滚卷时，注意发卷的弧度和形状，需卷成一个饱满的发包，确保其表面光滑，然后将其固定，同时将这个发包作为发型的基点。

09 将前发区的头发全部采用挑倒梳的方式进行倒梳处理。挑倒梳是指发片略厚，梳齿不需要穿透发片，斜着倒梳，使发片表面保持光滑，而内侧呈蓬松状态。

10 将前发区的头发全部往后发区梳理，使其包裹住发型的基点。

11 检查发型，所有头发形成一个完整的发包，确保发包的表面饱满、光滑。

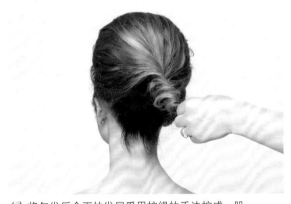

12 将包发后余下的发尾采用拧绳的手法拧成一股。

13 将拧好的头发藏于发包中并固定，固定时注意隐藏发卡。

14 检查发型的形状和饱满度，将碎发整理干净，操作完成。

七、波纹技法及造型运用

1.概述

在现在这个复古风盛行的时代，20世纪30年代的手推波纹造型时常出现在时尚宣传照中。简单来说，手推波纹就是让刘海区呈现出S形的波纹，以使面部轮廓更加柔和，让模特更具女人味。

2.打造的重点

第1点：在做手推波纹前，要先用大号卷发棒将头发分层烫卷。

第2点：在做手推波纹时，定型产品必不可少。

第3点：在取下鸭嘴夹时，要将发卡夹在鸭嘴夹处。

3.造型运用

01 将头发分为刘海区、侧发区和后发区。

02 用大号的卷发棒从根部将头发全部夹卷。使用卷发棒时需仔细，避免被烫伤。

03 将刘海区的头发理顺，调整出一个弧度，然后在头发内侧用鸭嘴夹固定，使其具有支撑力。

04 贴着调整好弧度的头发的表面用第二个鸭嘴夹固定。

05 用尖尾梳将刘海区的头发往额头处推出第二个弧度。推发时需仔细，动作要轻柔。

06 在推出第二个弧度的头发表面用鸭嘴夹固定。

07 重复上面的步骤，将刘海区的头发推出波纹之后，喷上干胶定型。

08 将侧发区的头发梳顺。如果发量较少，可适当在内侧进行倒梳，将梳理好的头发拧至后发区，进行固定。

09 将后发区左侧的部分头发分束拧起来，然后进行固定。固定时需隐藏发卡。

10 将后发区右侧剩下的头发采用做玫瑰卷的方式进行处理，将其固定。固定时注意卷与卷之间要自然叠加和衔接，同时隐藏发卡。

11 将后发区剩下的头发全部采用做玫瑰卷的方式处理完毕后，再统一调整其形状及饱满度。

12 如果有碎发，可用发蜡抚平碎发。戴上发饰，操作完成。

八、多种技法结合运用

1. 概述

多种技法结合运用是指运用两种或两种以上的发型技法所做出来的发型。

2. 打造的重点

第1点：注意处理碎发。

第2点：注意头发的分区之间要衔接自然，切记不可使头皮外露。

3. 造型运用

01 将烫好的头发分为刘海区和后发区。

02 将后发区的头发扎成一个干净、伏贴的高马尾。

03 从马尾中分出一缕头发，采用拧绳技法进行处理，对拧好的头发进行抽丝。

04 将处理好的发束盘在马尾上方。

05 对马尾中剩余的头发做同样的处理，注意取发要均匀。拧绳处理后的发束需纹理干净、清晰，盘发时注意辫子之间要自然衔接。

06 将马尾处理完毕，形成一个发髻。检查发髻是否干净饱满，同时注意隐藏发卡。

07 将刘海区的头发梳理光滑。

08 将梳理好的头发采用滚卷的手法拧起。

09 确保滚卷处理后的发卷表面光滑，用鸭嘴夹往内固定，以做支撑。

10 将刘海区头发的发尾采用滚卷的手法做同样的处理，确保发卷光滑，将其固定。注意发卷之间需自然衔接，遮挡前边发卷的发尾，使其不外露。

11 采用做玫瑰卷的手法，将刘海区所有的头发整理干净，调整其形状。如果有碎发，可用发蜡抚平，操作完成。

tips

　　滚卷时，若刘海发量较少，可先均匀倒梳，再将头发表面梳理光滑；若头发太毛糙，可涂抹适量发蜡，使其柔顺。